零失敗!超簡單的
巨大造型餅乾

おおきなクッキー!

荻田尚子著

\ MEGA COOKIES |

CONTENTS

序──如果把餅乾做得大大的 ⋯⋯⋯⋯⋯⋯ 4

part 1 SIMPLE

簡簡單單大餅乾

大餅乾 ⋯⋯⋯⋯⋯⋯⋯⋯⋯⋯⋯⋯⋯ 6
美式巧克力脆片餅乾 ⋯⋯⋯⋯⋯⋯⋯ 8
巧克力脆餅 ⋯⋯⋯⋯⋯⋯⋯⋯⋯⋯ 9
鬆軟口感的葡萄乾餅乾 ⋯⋯⋯⋯⋯ 12
焦糖核果餅乾 ⋯⋯⋯⋯⋯⋯⋯⋯⋯ 13
M&M'S®餅乾 ⋯⋯⋯⋯⋯⋯⋯⋯⋯ 16
螺旋餅乾 ⋯⋯⋯⋯⋯⋯⋯⋯⋯⋯⋯ 17
檸檬糖霜餅乾 ⋯⋯⋯⋯⋯⋯⋯⋯⋯ 20
抹茶餅乾 ⋯⋯⋯⋯⋯⋯⋯⋯⋯⋯⋯ 21
紅茶餅乾 ⋯⋯⋯⋯⋯⋯⋯⋯⋯⋯⋯ 21
雙重巧克力餅乾 ⋯⋯⋯⋯⋯⋯⋯⋯ 24
義大利杏仁蛋白餅 ⋯⋯⋯⋯⋯⋯⋯ 25
奶油酥餅 ⋯⋯⋯⋯⋯⋯⋯⋯⋯⋯⋯ 26
椰香燕麥餅乾 ⋯⋯⋯⋯⋯⋯⋯⋯⋯ 27
石頭餅乾 ⋯⋯⋯⋯⋯⋯⋯⋯⋯⋯⋯ 27
威爾斯蛋糕 ⋯⋯⋯⋯⋯⋯⋯⋯⋯⋯ 27

part 2 CREAM

奶油夾心大餅乾

巧克力夾心奶油餅乾 ⋯⋯⋯⋯⋯⋯ 32
三重巧克力夾心餅乾 ⋯⋯⋯⋯⋯⋯ 36
抹茶白巧克力雙享餅乾 ⋯⋯⋯⋯⋯ 38
酸奶油起司餅乾 ⋯⋯⋯⋯⋯⋯⋯⋯ 40
起司蛋糕餅乾 ⋯⋯⋯⋯⋯⋯⋯⋯⋯ 42
檸檬奶油風味椰子餅乾 ⋯⋯⋯⋯⋯ 44
柑橘醬風味杏仁餅乾 ⋯⋯⋯⋯⋯⋯ 46
雙重花生奶油餅乾 ⋯⋯⋯⋯⋯⋯⋯ 48
鹽味焦糖胡桃餅乾 ⋯⋯⋯⋯⋯⋯⋯ 50
恩加丁焦糖堅果派 ⋯⋯⋯⋯⋯⋯⋯ 52
紅豆餡餅乾 ⋯⋯⋯⋯⋯⋯⋯⋯⋯⋯ 54

本書用法

◎ 食譜中會有各種記號，以下是它們代表的意思：

麵糰的種類。以英文字母（**A、B、C、D**）來表示。各種麵糰的詳細做法，請參考「基本麵糰」的說明頁面（第74～79頁）。	**170℃** **烤箱的設定溫度**。在適當的時間點，以記號表示的溫度來預熱烤箱。	**18cm** **餅乾大小**。食譜中有「×2」標示時，代表做兩個餅乾。	

◎ 書衣內側印有愛心、薑餅人、南瓜、幽靈四種紙模。在 PART3「ANNUAL EVENT創造話題的節慶大餅乾」中的食譜會用到。

情人節大愛心餅乾	56	基本麵糰 A　酥脆口感的麵糰 …… 74
情人節滿天星大愛心餅乾	60	基本麵糰 B　鬆軟口感的麵糰 …… 76
情人節巧克力軟餅乾	62	基本麵糰 C　簡易懶人麵糰 …… 78
聖誕節花環餅乾	64	基本麵糰 D　蛋白霜麵糰 …… 79
大薑餅人餅乾	65	
萬聖節南瓜造型餅乾	68	
萬聖節幽靈造型餅乾	69	
超大的生日餅乾	72	

材料說明

◎ 沒特別標明材料的份量時，代表做一個餅乾的份量。也有做兩片餅乾份量的材料。

◎ 以下是基本材料說明：

奶油（無鹽） —— 也可以使用非發酵奶油。

砂糖 —— 主要使用日本上白糖或日本細砂糖。也可以用台灣精緻細砂糖取代。

雞蛋 —— 主要使用一般大小的雞蛋（蛋黃 20 克＋蛋白 30 克）。

低筋麵粉 —— 本書使用的是日清製粉的特級紫羅蘭（スーパーバイオレット），也可使用紫羅蘭（バイオレット）。

泡打粉 —— 用於不容易打發蓬鬆感的食譜中。

鹽 —— 建議使用易溶於水的食鹽。「少量」大約是 0.5g（拇指和食指抓取的量），「一小撮」大約是 1g。

鮮奶油 —— 使用動物性鮮奶油。可選用個人喜愛的乳脂肪含量產品。

◎ 未經烘焙的堅果類食材，先將烤箱以 150°C 預熱後，烤 10 分鐘即可。

◎ 檸檬皮：請使用收成後不用農藥的有機檸檬。

◎ 1 大匙是 15 ㎖，1 小匙是 5 ㎖。

道具說明

◎ 使用一般用來做點心的道具。主要有攪拌盆、萬用篩網、橡皮刮刀（耐熱）、打蛋器、刮板、保鮮膜、烤盤烘焙紙等。部分食譜也會用到手持電動攪拌器和擀麵棍。

◎ 烤箱使用對流恆溫烤箱（即旋風烤箱）。不同機種的烘焙溫度和時間也會不同，請留意烘焙狀態做調整。若烤箱的火力較弱，請將烘焙溫度調高 10°C 左右。

◎ 微波爐使用 600W。鍋子使用不鏽鋼鍋。

如果把餅乾做得大大的⋯⋯

非常輕鬆又不費力！

因為不用像做小餅乾一樣，一片一片成型。只要把麵糰大大方方的整型起來，送進烤箱烘焙一下就完成了。接下來，可以自己吃，也可以和別人一起享用。美式風格，形式自由，大口大口地咬下去吧！

做自己喜歡的的口味！

撒上配料，或是在兩張麵皮中間塞滿奶油，讓它們華麗變身，看起來和蛋糕沒兩樣！切一切，和大家一起分享吧。

當然也是聚會的亮點！

在餅乾上面寫上祝福，或者利用書衣內側的紙模來做心型餅乾或薑餅人餅乾，讓歡樂的聚會變得更加繽紛。大大的心型巧克力餅乾，當然是情人節送給真命男女朋友的不二選擇。

不用說，一定香酥美味！

活用各式各樣的口感、風味與奶油來調配組合，變化萬千，絕對吃不膩。不管是哪一種，都能嘗到餅乾原本的美味喔。讓我們開開心心做餅乾，張大嘴巴咬下去吧！

（ 大 餅 乾 ）

→ P10

做好麵糰，整型一下，再送進烤箱就完成了！
不用分成一小塊一小塊的，也不必壓模。
啪嗞一下！折斷餅乾，和大家一起分享！

大大的餅乾，上面的圖樣和糖霜也都很搶眼喔！

part 1

SIMPLE

簡簡單單大餅乾

8 （美式巧克力脆片餅乾）

→ P10

AMERICAN CHOCOLATE CHIP COOKIE

CHOCOLATE SABLE COOKIE

（巧克力脆餅）

→ P11

COLOSSAL TEA BISCUIT
大餅乾

AMERICAN CHOCOLATE CHIP COOKIE
美式巧克力脆片餅乾

A	170℃	20cm

材料

無鹽奶油 ——— 50g
▶ 放室溫軟化
蔗糖 ——— 45g
A ┌ 雞蛋 ——— 1/2 個（25g）
　│ ▶ 放室溫
　└ 食鹽 ——— 少量
▶ 攪拌均勻，讓食鹽溶於蛋液
B ┌ 低筋麵粉 ——— 100g
　│ ▶過篩
　└ 全麥麵粉（高筋）——— 25g
▶ 混合攪拌

A	170℃	19cm

材料

無鹽奶油 ——— 50g
▶ 放室溫軟化
紅糖 ——— 45g
A ┌ 雞蛋 ——— 1/2 個（25g）
　│ ▶ 放室溫
　└ 食鹽 ——— 少量
▶ 攪拌均勻，讓食鹽溶於蛋液中
B ┌ 低筋麵粉 ——— 80g
　└ 蘇打粉 ——— 1/4 小匙
巧克力脆片 ——— 20g ＋ 20g

步驟

1. 把奶油放進攪拌盆裡，用橡皮刮刀攪拌，使奶油軟化。加進蔗糖，攪拌均勻。再用打蛋器攪拌到整體顏色變淺、變得蓬鬆為止。

2. 把A分2～3次倒進盆中，每次都攪拌均勻。

3. 把B倒進盆中，用橡皮刮刀以直切的方式混合。混合到沒有粉狀且麵糰開始凝聚後，用刮刀緊壓，使之成型。

4. 將成型的麵糰放在烤盤烘焙紙中央，用保鮮膜蓋住。用手將麵糰揉壓成直徑約18cm的圓形麵皮，放進冰箱冷藏30分鐘左右，再去除保鮮膜。

5. 用較粗的竹籤在麵皮表面上戳出花樣，和烤盤烘焙紙一起放進烤盤。在預熱過的烤箱中烤約20分鐘後，和烤盤一起取出放涼。

☐ 樸實香脆，永遠吃不膩的口味！

☐ 用竹籤戳出自己喜歡的圖案或文字。等冷藏的麵皮稍微變硬之後，就能戳出漂亮的模樣。

步驟

1. 把奶油放進攪拌盆中，用橡皮刮刀攪拌，使奶油軟化。倒入紅糖，攪拌均勻。再用打蛋器攪拌到整體顏色變淺、變得蓬鬆為止。

2. 把A分2～3次倒進盆中，每次都攪拌均勻。

3. 把B過篩後倒入盆中，再加入20g巧克力脆片，用橡皮刮刀以直切的方式混合。攪拌到沒有粉狀且開始將麵糰凝聚，並用刮刀緊壓，使之成為橢圓形麵糰形狀，即為成型。

4. 將麵糰放在烤盤烘焙紙中央，用保鮮膜蓋起。再用手將麵糰揉壓成直徑約18cm且厚薄一致的圓形麵皮後，除去保鮮膜。撒上20g巧克力脆片，輕輕壓進麵皮表面。

5. 將麵皮和烤盤烘焙紙一起放進烤盤。在預熱過的烤箱中烤約20分鐘後，和烤盤一起取出放涼。

☑ 紅糖增添餅乾的濃厚風味！也可用上白糖取代，風味會比較清淡。

☑ 蘇打粉讓麵皮往左右膨脹，突顯烘焙的色澤。

CHOCOLATE SABLE COOKIE

巧克力脆餅

 A　 170℃　 19cm

材料

無鹽奶油⸺ 50g
> ▶ 放室溫軟化

上白糖 ⸺ 50g

A ┌ 雞蛋 ⸺ 1/2個 (25g)
　│　▶ 放室溫
　└ 食鹽 ⸺ 少量
　▶ 攪拌均勻，讓食鹽溶於蛋液中

B ┌ 低筋麵粉⸺ 75g
　└ 無糖巧克力粉 ⸺ 10g

步驟

1. 把奶油放進攪拌盆中，用橡皮刮刀攪拌，使奶油軟化，加入上白糖，攪拌均勻。再用打蛋器攪拌到整體顏色發白為止。

2. 把**A**分2～3次倒進盆中，每次都攪拌均勻。

3. 把**B**過篩後倒入攪拌盆中，用橡皮刮刀以直切的方式混合。攪拌到沒有粉狀且開始將麵糰凝聚後，並用刮刀緊壓，使之成為橢圓形麵糰形狀，即為成型。

4. 將麵糰放在烤盤烘焙紙中央，蓋上保鮮膜。用手將麵糰揉壓成直徑約18cm且厚薄一致的圓形麵皮，放進冰箱冷藏約30分鐘後，除去保鮮膜。

5. 用叉子壓麵皮邊緣 (圖**ⓐ**)，用刮刀在麵皮表面畫出圖案 (圖**ⓑ**) 後，和烤盤烘焙紙一起放進烤盤。在預熱過的烤箱中烤約20分鐘後，和烤盤一起取出放涼。

☑ 淡淡的苦味最適合搭配牛奶或咖啡！

☑ 可以在餅乾上隨意畫上喜愛的圖案！等冷藏的麵皮稍微變硬後，就能畫得更順手。

SOFT RAISIN COOKIE

→P14

（鬆軟口感的葡萄乾餅乾）

→P15

CARAMEL
NUT COOKIE

（焦糖核果餅乾）

SOFT RAISIN COOKIE

鬆軟口感的葡萄乾餅乾

A　　170℃　　18cm

材料

無鹽奶油──── 50g
　▶ 放室溫軟化
上白糖──── 20g
食鹽──── 少量
楓糖漿──── 25g
蛋黃──── 1個(20g)
A ┌ 低筋麵粉──── 60g
　　└ 泡打粉──── 1/4小匙
葡萄乾──── 30g

步驟

1. 把奶油放進攪拌盆裡，用橡皮刮刀攪拌，奶油軟化後，加進上白糖和食鹽，攪拌到均勻為止。再用打蛋器攪拌到顏色變淡黃色發白，加進楓糖漿，充分攪拌均勻。

2. 倒進蛋黃，充分攪拌均勻。

3. 把**A**過篩後加入攪拌盆，再加進葡萄乾，用橡皮刮刀以直切的方式混合。攪拌到沒有粉狀且開始將麵糰凝聚，用刮刀緊壓，使之成型。

4. 將麵糰放在烤盤烘焙紙中央，用橡皮刮刀等道具將麵糰壓成直徑約16cm且厚度一致的圓形麵皮。

5. 和烤盤烘焙紙一起放進烤盤。在預熱過的烤箱中烤約20分鐘，和烤盤一起取出放涼。

☑ 麵糰加上楓糖漿，讓口感變得滑順鬆軟！因為麵糰很軟，請用橡皮刮刀或抹刀來壓平。

☑ 建議葡萄乾可以先泡熱水變軟後，將水瀝乾再使用，會容易融入麵糰裡。也可以用自己喜愛的果乾來取代葡萄乾。

CARAMEL NUT COOKIE

焦糖核果餅乾

 A   **170℃**   **20cm**

材料

焦糖

- 水 ——— 30mℓ
- 上白糖 ——— 50g
- 鮮奶油 ——— 50mℓ
  - ▶ 放室溫
- 食鹽 ——— 一小撮(1g)

無鹽奶油 ——— 50g
  - ▶ 放室溫軟化

砂糖 ——— 40g

低筋麵粉 ——— 125g

綜合堅果(烘焙過) ——— 50g
  - ▶ 切粗粒

☑ 焦糖配上堅果,又香又脆。

☑ 在〔步驟**2**〕加進鮮奶油時,會因從鍋裡冒出熱騰騰的蒸汽而容易燙傷。所以請先熄火,再慢慢倒進去。

步驟

1. 先製作焦糖。在小鍋子裡加水和上白糖,不攪拌,用中火加熱。上白糖融化,開始變色後(圖**ⓐ**),輕輕搖動鍋子,讓顏色均勻。

2. 變成深棕色後,熄火,稍等一下,再讓鮮奶油沿著橡皮刮刀慢慢加進鍋裡(圖**ⓑ**)。迅速攪拌均勻,之後加入食鹽攪拌,再倒進耐熱容器放涼。焦糖大功告成了。從鍋中取出2大匙(做配料)備用。

3. 把奶油放進攪拌盆,用橡皮刮刀攪拌,奶油軟化後,加入上白糖攪拌均勻。再用打蛋器攪拌到顏色變淡黃色發白為止。

4. 把〔步驟**2**〕做好的焦糖分2～3次加進盆中,每次都攪拌均勻。

5. 低筋麵粉過篩後加入盆中,用橡皮刮刀以直切的方式混合。攪拌到沒有粉狀且開始將麵糰凝聚,並用刮刀緊壓,使麵糰成型。

6. 將麵糰揉成圓柱形,放在烤盤烘焙紙中央,用保鮮膜包起來。用手將麵糰揉壓成直徑約18cm且厚薄一致的圓形麵皮,除去保鮮膜。撒上綜合堅果,輕輕壓進麵皮表面。

7. 和烤盤烘焙紙一起放進烤盤,淋上〔步驟**2**〕取出備用的2大匙焦糖。在預熱過的烤箱中烤約20分鐘,和烤盤一起取出放涼。

m&m's COOKIE

（M&M'S® 餅乾）

→ P18

BICOLOR COOKIE

（ 螺 旋 餅 乾 ）

→ P19

M&M'S® COOKIE

M&M'S®餅乾

A　　　**170 ℃**　　　**20 cm**

材料

無鹽奶油 ─── 50g
　▶ 放室溫軟化
上白糖 ─── 55g
A ┌ 雞蛋 ─── 1/2個 (25g)
　│　▶ 放室溫
　└ 食鹽 ─── 少量
　▶ 攪拌均勻，讓食鹽溶於蛋液中
低筋麵粉 ─── 90g
M&M'S®牛奶巧克力 ─── 50g

步驟

1. 把奶油放進攪拌盆裡，用橡皮刮刀攪拌，奶油軟化後，加入上白糖攪拌均勻。再用打蛋器攪拌到顏色變淡黃色發白為止。

2. 把A分2～3次加進盆中，每次都攪拌均勻。

3. 低筋麵粉過篩後加入盆中，用橡皮刮刀以直切的方式混合。攪拌到沒有粉狀且麵糰開始凝聚後，用刮刀緊壓，使麵糰成型。

4. 將麵糰放在烤盤烘焙紙中央，蓋上保鮮膜。用手將麵糰揉壓成直徑約18cm且厚薄一致的圓形麵皮，除去保鮮膜。撒上M&M'S®巧克力，輕輕壓進麵皮表面。

5. 最後麵糰和烘焙紙一起放進烤盤。在預熱過的烤箱中烤約20分鐘後，和烤盤一起取出放涼。

☐ 在美國，瑪芬蛋糕上也會撒上M&M'S®巧克力。滿滿的巧克力球，非常討喜！

☐ 撒上銀色砂糖或用巧克力米，也有出色的效果喔。

BICOLOR COOKIE

螺旋餅乾

A　　　**170 ℃**　　　**17 cm**

材料

無鹽奶油 ———— 50g
　▶ 放室溫軟化
上白糖 ———— 70g
A ┌ 雞蛋 ———— 1/2個 (25g)
　│ 　▶ 放室溫
　└ 食鹽 ———— 少量
　▶ 攪拌均勻，讓食鹽溶於蛋液中
B ┌ 低筋麵粉 ———— 60g
　└ 蔓越莓粉 ———— 5g
C ┌ 低筋麵粉 ———— 60g
　└ 黑巧克力粉* ———— 5g

*黑巧克力粉

深黑色，帶有濃厚的苦味。
用於麵糰中，可讓餅乾充
分顯色。也可用無糖巧克
力粉取代，但顏色較淺。

☑ 把不同顏色的條狀麵糰捲在一起做
　成的餅乾！蔓越莓的微酸，與巧克力
　的苦澀，呈現絕佳的對比及口感。

☑ 也可用樹莓粉或藍莓粉來取代蔓越
　莓粉。

☑ 捲麵糰時不小心弄斷了，只要用手指
　讓麵糰重新黏合起來就可以了。

步驟

1. 把奶油放進攪拌盆裡，用橡皮刮刀攪拌，奶油軟
化後，加入上白糖攪拌均勻。再用打蛋器攪拌到
顏色變淡黃色發白為止。

2. 把**A**分2～3次加進盆中，每次都攪拌均勻。

3. 把〔步驟**2**〕的材料分成兩等份 (一份約70g)，一
份放進別的盆裡備用。將**B**過篩後加入盆中，用橡
皮刮刀以直切的方式混合。攪拌到沒有粉狀且開
始將麵糰凝聚，用刮刀緊壓，使麵糰成型。用保鮮
膜包起麵糰，放進冰箱冷藏30分鐘以上。

4. 從〔步驟**2**〕取出備用的另一份材料中加進過篩的
C，重複〔步驟**3**〕，直到麵糰成型。用保鮮膜包好，
放進冰箱冷藏30分鐘
以上。

5. 在檯面上撒上適量的
麵粉 (另行準備的高
筋麵粉)。將〔步驟**3**〕

的麵糰分成兩等份，分別用手輕輕推揉成長約
16cm的條狀 (圖**a**)。

6. 將〔步驟**4**〕的麵糰也分成兩等份，分別用手輕輕
推揉成長約16cm的條狀。

7. 別取出一條〔步驟**5**〕和〔步驟**6**〕做好的條狀麵
糰，在烤盤烘焙紙上將兩條麵糰捲成螺旋狀 (圖
b)。一條麵糰也分別和同色的麵糰黏結起來繼
續捲，用手輕壓整型 (圖**c**)，調整成直徑約16cm
的圓形。

8. 和烤盤烘焙紙一起放進烤盤，在預熱過的烤箱
中烤約20分鐘，和烤盤一起取出放涼。

LEMON COOKIE （檸檬糖霜餅乾）

→ P22

MATCHA COOKIE

（抹茶餅乾）

→ P23

TEA COOKIE

（紅茶餅乾）

→ P23

21

LEMON COOKIE

檸檬糖霜餅乾

A　　170℃　　20cm

材料

無鹽奶油 ──── 50g
　▶ 放室溫軟化
糖粉 ──── 70g
食鹽 ──── 少量
檸檬皮 ──── 1/2個
　▶ 磨碎
檸檬汁 ──── 1大匙
低筋麵粉 ──── 100g

糖霜
　糖粉 ──── 50g
　檸檬汁 ──── 約2小匙
　食用色素(黃色)* ──── 不滿1/8小匙

*食用色素(黃色)

用來上色的色素。可分成
天然色素和人工色素,人
工色素的顏色較鮮豔。
這次使用不到1/8小匙＝
0.3g。

步驟

1. 把奶油放進攪拌盆裡,用橡皮刮刀攪拌。奶油軟
化後,加入糖粉、鹽和檸檬皮,一起攪拌均勻。再
用打蛋器攪拌到顏色變淡黃色發白為止。

2. 把檸檬汁分2次加進盆中,每次都攪拌均勻。

3. 低筋麵粉過篩後加入盆中,用橡皮刮刀以直切的
方式混合。攪拌到沒有粉狀且開始將麵糰凝聚,
並用刮刀緊壓,使麵糰成型。

4. 將麵糰放在烤盤烘焙紙中央,蓋上保鮮膜。用手
揉壓成直徑約18cm的圓形麵皮,除去保鮮膜。

5. 和烤盤烘焙紙一起放進烤盤,在預熱過的烤箱中
烤約20分鐘,和烤盤一起取出放涼。

6. 製作糖霜。將糖粉過
篩到攪拌盆中,分次
加進檸檬汁,用橡皮
刮刀充分混合。舉起
刮刀,糖霜慢慢滴下,
大約2～3秒就滴完時
(圖a),再分次慢慢地加入食用色素,並攪拌混
合均勻。

7. 〔步驟5〕的成品放涼後,用抹刀將〔步驟6〕的糖霜
抹在上面,放到乾燥為止。

☐ 這是一款讓檸檬出色點綴與糖霜融合的鬆軟餅乾!

☐ 加入食用色素時,請分次少量加進去,並觀察顏色的變化,自行增減份量。不用也OK。

MATCHA COOKIE
抹茶餅乾

 A 150℃ 16cm

材料

無鹽奶油 ——— 50g
　▶ 放室溫軟化
糖粉 ——— 50g
A ┌ 低筋麵粉 ——— 55g
　│ 抹茶粉 ——— 5g
　└ 杏仁粉 ——— 30g
　▶ 低筋麵粉和抹茶粉一起過篩，再加
　　進杏仁粉一起混合
B ┌ 糖粉 ——— 5g
　└ 抹茶粉 ——— 2g

步驟

1. 把奶油放進攪拌盆裡，用橡皮刮刀攪拌。奶油軟化後，加入糖粉攪拌均勻。再用打蛋器攪拌到顏色變淡黃色發白為止。

2. 將**A**倒進盆中，用橡皮刮刀以直切的方式混合。攪拌到沒有粉狀且開始將麵糰凝聚，並用刮刀緊壓，使麵糰成型。

3. 將麵糰分成20等份，揉成圓球後再輕輕壓扁（圖**a**），在烤盤烘焙紙上排成圓形（圖**b**）。

4. 和烤盤烘焙紙一起放進烤盤。在預熱過的烤箱中烤約40分鐘，和烤盤一起取出放涼。把**B**進濾茶網過篩，撒在餅乾上即完成。

☑ 抹茶的香氣和淡淡的苦澀，讓這款餅乾的滋味變得更優雅！糖粉增添清爽的口感。

☑ 把小份的麵糰擺在烘焙紙上時，只要讓它們的邊緣輕輕接觸到即可。或是做成一張大圓餅乾再送進烤箱也OK喔。

TEA COOKIE
紅茶餅乾

 A 170℃ 20cm

材料

無鹽奶油 ——— 50g
　▶ 放室溫軟化
上白糖 ——— 50g
食鹽 ——— 少量
紅茶茶葉（格雷伯爵茶）——— 2g
　▶ 用研磨缽磨成細粉狀
牛奶 ——— 1大匙
低筋麵粉 ——— 80g

步驟

1. 把奶油放進攪拌盆裡，用橡皮刮刀攪拌。奶油軟化後，加進上白糖、鹽、紅茶的茶葉攪拌均勻。再用打蛋器攪拌到顏色變淡黃色發白為止。

2. 將牛奶分2～3次倒入盆中，每次都充分攪拌均勻。

3. 低筋麵粉過篩加進盆中，用橡皮刮刀以直切的方式混合。攪拌到沒有粉狀且開始將麵糰凝聚，並用刮刀緊壓，使麵糰成型。

4. 將麵糰放在烤盤烘焙紙中央，蓋上保鮮膜。用手揉壓成直徑約18cm的圓形麵皮，除去保鮮膜。

5. 和烤盤烘焙紙一起放進烤盤。在預熱過的烤箱中烤約20分鐘，和烤盤一起取出放涼。

☑ 推薦使用茶香味濃郁的格雷伯爵茶葉。也可以使用自己喜愛的紅茶茶葉。

DOUBLE CHOCOLATE COOKIE

→ P28

（雙重巧克力餅乾）

（義大利杏仁蛋白餅）ITALIAN ALMOND COOKIE

→ P29

 → P30

（奶油酥餅）SHORTBREAD

OATMEAL COCONUT COOKIE
（ 椰香燕麥餅乾 ）
→ P30

ROCK COOKIE
（石頭餅乾）
→ P31

WELSHCAKE
（威爾斯蛋糕）→ P31

DOUBLE CHOCOLATE COOKIE

雙重巧克力餅乾

A　　　**170°C**　　　**19 cm**

材料

無鹽奶油 ——— 50g
　▶ 放室溫軟化
上白糖 ——— 30g
A ⌈ 雞蛋 ——— 1/2個 (25g)
　　　　▶ 放室溫
　└ 食鹽 ——— 少量
　▶ 攪拌均勻，讓食鹽溶於蛋液中
巧克力 (含糖) ——— 50g＋50g
　▶其中50g切碎，裝進耐熱容器中 (不
　蓋保鮮膜)，用微波爐加熱1分鐘，充
　分融解後放涼。另外50g切成粗粒狀
　(圖ⓐ)。
B ⌈ 低筋麵粉 ——— 80g
　└ 泡打粉 ——— 1/4小匙

步驟

1. 把奶油放進攪拌盆裡，用橡皮刮刀攪拌。奶油軟化後，加入上白糖，充分攪拌均勻。再用打蛋器攪拌到整體顏色變淡黃色發白為止。

2. 把**A**分2～3次加進盆中，每次都攪拌均勻。

3. 把融解的巧克力50g慢慢倒進盆中，每次都攪拌均勻。

4. 將**B**過篩後加入盆中，用橡皮刮刀以直切的方式混合。攪拌到沒有粉狀且開始將麵糰凝聚，並用刮刀緊壓，使麵糰成型。

5. 將麵糰放在烤盤烘焙紙中央，用橡皮刮刀等道具壓平成直徑約18cm的圓形麵皮。撒上切成粗粒狀的巧克力50g，輕輕壓入麵皮表面。

6. 和烘焙紙一起放進烤盤。在預熱過的烤箱中烤約20分鐘，和烤盤一起取出放涼。

☑ 麵糰和配料都加了巧克力的「雙重」美味！配料用的巧克力切粗一點，更能享受到巧克力的脆脆口感。

☑ 使用烘焙用巧克力。也可使用帶苦味的板狀巧克力。

☑ 這款麵糰比較柔軟，可用橡皮刮刀或抹刀等道具來壓平整型。

ITALIAN ALMOND COOKIE

義大利杏仁蛋白餅

 D　 140℃　 20cm

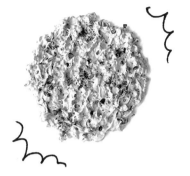

材料

蛋白霜

- 蛋白 ——— 1個 (30g)
- 日本細砂糖
  ——— 1/2大匙＋2大匙

A ┌ 杏仁 (烘焙過) ——— 50g
　┃　▶ 切碎
　┃ 低筋麵粉 ——— 5g
　┃ 肉桂粉 ——— 1/4小匙
　└ 食鹽 ——— 少量
　▶ 充分混合

開心果 ——— 5g
　▶ 切粗粒狀

步驟

1. 製作蛋白霜。在攪拌盆中加入蛋白和1/2大匙日本細砂糖，用手持的電動攪拌器以高速攪拌30秒左右。將蛋白打出泡泡之後，再將2大匙的日本細砂糖分3次加入盆中，每次都用攪拌器以高速打30秒左右，並將蛋白打發為止，即舉起攪拌器，蛋白霜的尖端會直直立起時，就算完成了。

2. 把A加進盆中，用橡皮刮刀以直切的方式混合，直到全部混合均勻。

3. 將麵糰放在烤盤烘焙紙中央，用橡皮刮刀等道具壓平成直徑約18cm的圓形麵皮，再撒上切碎的開心果粒。

4. 和烘焙紙一起放進烤盤。在預熱過的烤箱中烤約40分鐘，和烤盤一起取出放涼。

☑ 用蛋白霜做成的餅乾！如果把杏仁切成不同大小的顆粒，還可以享受到不同口感的變化喔。

☑ 這款餅乾用的粉很少，可省掉過篩的步驟。

SHORTBREAD

奶油酥餅

| A | 150℃ | 15 cm |

材料

無鹽奶油 ——— 50g
　▶ 室溫軟化
上白糖 ——— 30g
食鹽 ——— 少量
A ┌ 低筋麵粉 ——— 75g
　└ 蓬萊米粉 ——— 15g

步驟

1. 把奶油放進攪拌盆裡，用橡皮刮刀攪拌。奶油軟化後，加入上白糖，攪拌均勻。再用打蛋器攪拌到顏色變淡黃色發白為止。

2. 把A加進盆中，用橡皮刮刀以直切的方式混合。材攪拌到沒有粉狀且開始將麵糰凝聚，並用刮刀緊壓，使麵糰成型。

3. 將麵糰放在烤盤烘焙紙中央，蓋上保鮮膜。用手揉壓成直徑約15cm的圓形麵皮，除去保鮮膜。用手指沿著麵皮邊緣捏一圈，形成波浪狀後，用刀背在麵皮表面畫出8等份的放射狀線條，再用粗一點的竹籤戳出花樣。

4. 和烘焙紙一起放進烤盤。在預熱過的烤箱中烤約40分鐘，和烤盤一起取出放涼。

☑ 適合搭配紅茶享用的奶油酥餅！用蓬萊米粉做出酥脆乾爽的口感。也可以用低筋麵粉取代蓬萊米粉。

☑ 在麵皮表面畫出較深的放射線，就很容易把餅乾分成小份來吃。用竹籤戳花樣時，請戳到麵皮厚度一半的深度。

OATMEAL COCONUT COOKIE

椰香燕麥餅乾

| C | 170℃ | 21 cm |

材料

無鹽奶油 ——— 50g
上白糖 ——— 40g
蜂蜜 ——— 20g
A ┌ 低筋麵粉 ——— 50g
　└ 泡打粉 ——— 1/4小匙
燕麥 ——— 50g
椰絲 ——— 15g
喜愛的果乾 ——— 30g

步驟

1. 把奶油、上白糖、蜂蜜放進耐熱容器，用保鮮膜封起，放進微波爐加熱約50秒。用打蛋器攪拌均勻後，靜置散熱。

2. 將A過篩加進容器中，再加進燕麥、椰絲、果乾，用橡皮刮刀以直切的方式混合，直到沒有粉狀為止。

3. 將麵糰放在烤盤烘焙紙中央，用橡皮刮刀等道具將麵糰壓成直徑約18cm的圓形麵皮。

4. 和烘焙紙一起放進烤盤。在預熱過的烤箱中烤約20分鐘，和烤盤一起取出放涼。

☑ 散發出濃郁燕麥香氣的餅乾！與椰絲、果乾的天然甜味的組合非常對味。這次用了3種果乾，只用1～2種也可以。

☑ 蜂蜜增添餅乾的溫潤口感。

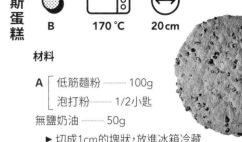

ROCK COOKIE 石頭餅乾

 B　170℃　20cm

材料

A ┌ 低筋麵粉 ──── 100g
　└ 泡打粉 ──── 1/2小匙
無鹽奶油 ──── 50g
　▶ 切成1cm的塊狀，放進冰箱冷藏
日本細砂糖 ──── 40g＋1大匙
巧克力(含糖) ──── 50g
　▶ 切粗粒
杏仁(烘焙過) ──── 50g
　▶ 切粗粒
B ┌ 雞蛋 ──── 1個(50g)
　│　▶ 放室溫
　└ 食鹽 ──── 少量
　▶ 攪拌均勻，讓食鹽溶於蛋液中

步驟

1. 將A過篩加進攪拌盆中，再加進奶油，用刮板切碎奶油，同時和麵粉攪拌混合。奶油變小之後，用兩手揉搓，使麵粉鬆散。

2. 加進日本細砂糖40g、巧克力、杏仁，用橡皮刮刀混合，再加進B大致攪拌一下。直到整體聚合成乾乾渣渣的蓬鬆狀態麵糰。

3. 將麵糰放在烤盤烘焙紙中央，用叉子等道具壓成直徑約18cm的圓形麵皮，撒上1大匙日本細砂糖。

4. 和烘焙紙一起放進烤盤。在預熱過的烤箱中烤約25分鐘，和烤盤一起取出放涼。

☑ 用巧克力和杏仁烤出的大餅乾──石頭餅乾！也可以用核桃來取代杏仁。

☑ 這款餅乾用了日本細砂糖，甜而不膩。

WELSHCAKE 威爾斯蛋糕

 B　170℃　20cm

材料

A ┌ 低筋麵粉 ──── 100g
　└ 泡打粉 ──── 1/2小匙
無鹽奶油 ──── 50g
　▶ 切成1cm的塊狀，放進冰箱冷藏
上白糖 ──── 50g
荳蔻粉 ──── 1/2小匙
黑加侖 ──── 50g
B ┌ 雞蛋 ──── 1/2個(25g)
　│　▶ 放室溫
　└ 食鹽 ──── 少量
　▶ 攪拌均勻，讓食鹽溶於蛋液中

步驟

1. 將A過篩加進攪拌盆中，再加進奶油，用刮板切碎奶油，同時和麵粉攪拌混合。奶油變小之後，用兩手揉搓，使麵粉鬆散。

2. 加進上白糖、荳蔻粉、黑加侖，用橡皮刮刀混合，再加進B大致攪拌一下。直到整體呈現聚合成乾乾渣渣的蓬鬆狀態麵糰。

3. 將麵糰放在烤盤烘焙紙中央，蓋上保鮮膜，用手將麵糰揉壓成直徑約20cm的圓形麵皮，除去保鮮膜。

4. 和烘焙紙一起放進烤盤。在預熱過的烤箱中烤約20分鐘，和烤盤一起取出放涼。

☑ 流傳於英國威爾斯地區的傳統烘焙餅乾！辛香料的香氣很適合搭配紅茶享用。

☑ 黑加侖是小顆的無籽葡萄粒。找不到這種材料時，也可以用葡萄乾或蔓越莓乾來代替。

在兩個麵皮中間夾上奶油，
餅乾就華麗變身成像蛋糕一樣豪奢的甜點了！
調整一下麵糰和奶油的搭配組合，
就可以做出各種豐富美味的口感。

part 2
CREAM
奶油夾心大餅乾

（巧克力夾心奶油餅乾）

33

→ P34

CHOCOLATE CREAM FILLED COOKIE

巧克力夾心奶油餅乾

A　　170 ℃　　20 cm

材料

無鹽奶油 —— 50g
　　▶ 放室溫軟化

紅糖 —— 30g

上白糖 —— 30g

A ┌ 雞蛋 —— 1/2個 (25g)
　│　　▶ 放室溫
　└ 食鹽 —— 少量
　　▶ 攪拌均勻，讓食鹽溶於蛋液中

B ┌ 低筋麵粉 —— 120g
　└ 蘇打粉 —— 1/4小匙

甘納許 (Ganache)

　┌ 鮮奶油 —— 80ml
　│ 巧克力 (含糖) —— 80g
　└　　▶ 切碎，置於盆中

巧克力碎片 —— 20g

步驟

1. 把奶油放進攪拌盆裡，用橡皮刮刀攪拌。奶油軟化後，加入紅糖和上白糖，攪拌均勻。再用打蛋器攪拌到整體顏色變淡，呈現蓬鬆狀為止。

2. 把A分2～3次加進盆中，每次都充分混和。

3. 把B過篩加進盆中，用橡皮刮刀以直切的方式混合。攪拌到沒有粉狀且開始將麵糰凝聚，並用刮刀緊壓，使麵糰成型。用保鮮膜包起來，放進冰箱冷藏30分鐘以上。

4. 製作甘納許。把鮮奶油倒入耐熱杯中，放進微波爐加熱約50秒 (不蓋保鮮膜)。立刻倒進裝巧克力的盆裡，用打蛋器充分混合 (圖ⓐ)。巧克力融解後，靜置放涼。

5. 將〔步驟3〕的麵糰分成兩等份 (圖ⓑ)，用手輕輕揉成圓柱形 (圖ⓒ)。將兩個麵糰分別放在烤盤烘焙紙中央，蓋上保鮮膜，用擀麵棍輕輕敲打 (圖ⓓ)，再擀成直徑約18cm的圓形麵皮 (圖ⓔⓕ)。

6. 除去其中一個麵皮上的保鮮膜，把〔步驟4〕做好的甘納許充分混合後抹上，用橡皮刮刀等道具抹開，只保留麵皮邊緣2～3cm (圖ⓖ)。將另一個麵皮翻面，除去烤盤烘焙紙 (圖ⓗ)，再次翻面，蓋在加了甘納許的麵皮上 (圖ⓘ)，除去保鮮膜。用手指將兩個麵皮的邊緣捏合起來 (圖ⓙ)，撒上巧克力碎片，輕輕壓入麵皮表面 (圖ⓚ)。

7. 和烘焙紙一起放進烤盤 (圖ⓛ)。在預熱過的烤箱中烤約25分鐘，和烤盤一起取出放涼。

CHOCOLATE CREAM
FILLED COOKIE

☑ 加了紅糖的麵糰比較有嚼勁，很適合搭配濃厚的甘納許。

☑ 甘納許太硬時，可置於溫度較高的地方；若是太軟，可放進冰箱冷藏約5～10分鐘，就很容易
抹開了。

☑ 把兩片麵皮的邊緣緊緊捏合，讓夾心的甘納許不會流出來。如果麵皮裂開，用手指捏合就可
以了。

☑ 加了奶油的餅乾，和食品乾燥劑一起放進夾鏈袋中，在常溫下2～3天內可正常享用。

TRIPLE
CHOCOLATE
COOKIE

TRIPLE CHOCOLATE COOKIE

三重巧克力夾心餅乾

A   **170 ℃**   **20 cm**

材料

無鹽奶油───── 50g
　▶ 放室溫軟化
上白糖───── 60g
A ┌ 雞蛋───── 1/2個(25g)
　　│　▶ 放室溫
　　│ 食鹽───── 少量
　　└　▶ 攪拌均勻，讓食鹽溶於蛋液中
B ┌ 低筋麵粉───── 130g
　　│ 可可粉(無糖)───── 10g
　　└ 蘇打粉───── 1/4小匙
甘納許(Ganache)
　　┌ 鮮奶油───── 80mℓ
　　│ 巧克力(含糖)───── 80g
　　└　▶ 切碎，置於盆中
巧克力米*───── 10g

*巧克力米

用於裝飾烘焙甜點或冰淇淋上的細小棒狀巧克力。有純黑色的產品，也有彩色的產品。

步驟

1. 把奶油放進攪拌盆裡，用橡皮刮刀攪拌。奶油軟化後，加入上白糖攪拌均勻。再用打蛋器攪拌到顏色變淡黃色發白為止。

2. 把**A**分2～3次加進盆中，每次都充分混和。

3. 把**B**過篩加進盆中，用橡皮刮刀以直切的方式混合。攪拌到沒有粉狀且開始將麵糰凝聚，並用刮刀緊壓，使麵糰成型。用保鮮膜包起來，放進冰箱冷藏30分鐘以上。

4. 製作甘納許。把鮮奶油倒入耐熱杯中，放進微波爐加熱約50秒(不蓋保鮮膜)。立刻倒進裝巧克力的盆裡，用打蛋器充分混合。巧克力融解後，靜置放涼。

5. 將〔步驟**3**〕做好的麵糰分成兩等份，用手輕輕揉成圓柱形。取出兩張烤盤烘焙紙，將兩個麵糰分別放在墊紙中央，蓋上保鮮膜，用擀麵棍輕輕敲打後，再擀成直徑約18cm的圓形麵皮。

6. 除去其中一個麵皮上的保鮮膜，把〔步驟**4**〕做好的甘納許充分混合後倒在麵皮上，用橡皮刮刀等道具抹開，只保留麵皮邊緣2～3cm。將另一個麵皮翻面，除去烤盤烘焙紙，再次翻面，蓋在加了甘納許的麵皮上，除去保鮮膜。用手指將兩個麵皮的邊緣捏合起來，撒上巧克力米，輕輕壓入麵皮表面。

7. 和烘焙紙一起放進烤盤。在預熱過的烤箱中烤約25分鐘，和烤盤一起取出放涼。

☐ 添加可可粉的麵糰加上甘納許夾心，滿滿都是巧克力！小巧可愛的巧克力米，讓咬下餅乾時的口感變得更加豐富。

MATCHA WHITE CHOCOLATE COOKIE

抹茶白巧克力雙享餅乾

A　　170℃　　18cm

材料

無鹽奶油 ┄┄ 50g
　▶ 放室溫軟化
細砂糖 ┄┄ 50g
鮮奶油 ┄┄ 1大匙
A ┌ 低筋麵粉 ┄┄ 85g
　└ 抹茶粉 ┄┄ 5g
甘納許
　┌ 鮮奶油 ┄┄ 20mℓ
　│ 白巧克力 ┄┄ 50g
　└ ▶ 切碎，置於盆中
白巧克力碎片 ┄┄ 10g

☑ 充滿濃厚牛奶香的甘納許和抹茶風味的對比，令人驚艷！

☑ 這款餅乾的甘納許用的鮮奶油比較少，因此請盡量把白巧克力切得碎一點。無法順利融化時，請隔水加熱！

Marcha White Chocolate Cookie

步驟

1. 把奶油放進攪拌盆裡,用橡皮刮刀攪拌。奶油軟化後,加上白糖攪拌均勻。再用打蛋器攪拌到顏色變淡黃色發白為止。

2. 把鮮奶油分2～3次加進盆中,每次都充分混和。

3. 將A過篩加進盆中,用橡皮刮刀以直切的方式混合。攪拌到沒有粉狀且開始將麵糰凝聚,並用刮刀緊壓,使麵糰成型。

4. 取出兩張烤盤烘焙紙,分別在中央擺上1/2個〔步驟3〕做好的麵糰,用橡皮刮刀等道具壓平成直徑約15cm的圓形麵皮。再分別用保鮮膜包起來,放進冰箱冷藏30分鐘以上。

5. 製作甘納許。把鮮奶油倒入耐熱杯中,放進微波爐加熱約20秒(不蓋保鮮膜)。立刻倒進裝白巧克力的盆裡,用打蛋器充分混合。巧克力融解後,靜置放涼。

6. 除去〔步驟4〕其中一個麵皮上的保鮮膜,再把〔步驟5〕做好的甘納許充分混合後倒在麵皮上,用橡皮刮刀等道具抹開,只保留麵皮邊緣2～3cm。將另一個麵皮翻面,除去烤盤烘焙紙,再次翻面,蓋在加了甘納許的麵皮上,除去保鮮膜。用手指將兩個麵皮的邊緣捏合起來,撒上白巧克力碎片,輕輕壓入麵皮表面。

7. 和烘焙紙一起放進烤盤。在預熱過的烤箱中烤約20分鐘,和烤盤一起取出放涼。

CHEESE COOKIE WITH SOUR CREAM

酸奶油起司餅乾

A　　170℃　　19cm

材料

奶油

奶油
- 酸奶油 ——— 100g
- 蜂蜜 ——— 30g

無鹽奶油 ——— 50g
  ▶ 放室溫軟化

奶油起司 ——— 35g
  ▶ 放室溫軟化

上白糖 ——— 80g

A
- 雞蛋 ——— 1/2個 (25g)
  ▶ 放室溫軟化
- 食鹽 ——— 少量
  ▶ 攪拌均勻，讓食鹽溶於蛋液中

檸檬汁 ——— 1小匙

B
- 低筋麵粉 ——— 100g
- 泡打粉 ——— 1/4小匙

☐ 酸度適中的奶油做出的清爽口味餅乾！

☐ 奶油和麵皮都很軟，奶油請冷凍起來，麵糰先壓平整型後再冷藏。把奶油做成比麵皮還小一點的圓形之後再冷凍起來，烘焙時就不會流出來了。

步驟

1. 製作奶油。將酸奶油和蜂蜜倒進攪拌盆中，用橡皮刮刀混合均勻。再倒在保鮮膜上，壓平成直徑約12～13cm的圓形，移到調理盆中，放進冰箱冷凍1小時以上，使其凝固(圖ⓐ)。

2. 把奶油和奶油起司放進攪拌盆中，用橡皮刮刀攪拌使其軟化，加入上白糖攪拌均勻。再用打蛋器攪拌到顏色變淡黃色發白為止。

3. 把A分2～3次加進盆中，每次都充分混和。倒進檸檬汁，迅速攪拌一下。

4. 將B過篩加進盆中，用橡皮刮刀以直切的方式混合。攪拌到沒有粉狀且開始將麵糰凝聚，並用刮刀緊壓，使麵糰成型。

5. 取出兩張烤盤烘焙紙，分別在中央擺上1/2個〔步驟4〕做好的麵糰，用橡皮刮刀等道具壓平成直徑約17cm的圓形麵皮。分別用保鮮膜包起來，放進冰箱冷藏30分鐘以上。

6. 除去〔步驟5〕其中一個麵皮上的保鮮膜，放上〔步驟1〕做好的奶油。將另一個麵皮翻面，除去烤盤烘焙紙，再次翻面，蓋在加上奶油的麵皮上(圖ⓑ)，除去保鮮膜。用手指將兩個麵皮的邊緣捏合起來。

7. 和烘焙紙一起放進烤盤。在預熱過的烤箱中烤約25分鐘，和烤盤一起取出放涼。

CHEESECAKE

起司蛋糕餅乾

A　　　170℃　　　20cm

材料

奶油

奶油起司 ──── 100g
　▶ 放室溫軟化
上白糖 ──── 50g
檸檬汁 ──── 1/2大匙

無鹽奶油 ──── 50g
　▶ 放室溫軟化

上白糖 ──── 60g

A　雞蛋 ──── 1/2個(25g)
　　　▶ 放室溫
　　食鹽 ──── 少量
　▶ 攪拌均勻,讓食鹽溶於蛋液中

B　低筋麵粉 ──── 100g
　　泡打粉 ──── 1/4小匙
　　全麥麵粉(高筋麵粉) ──── 25g
　▶ 將低筋麵粉和泡打粉過篩後,加入全麥
麵粉混合均勻

步驟

1. 製作奶油。將奶油起司和上白糖、檸檬汁倒進攪拌盆中,用橡皮刮刀混合均勻。再倒在保鮮膜上,壓平成直徑約13～14cm的圓形,移到調理盆中,放進冰箱冷凍1小時以上,使其凝固。

2. 把奶油放進攪拌盆中,用橡皮刮刀攪拌。奶油軟化後,加入上白糖攪拌均勻。再用打蛋器攪拌到顏色變淡黃色發白為止。

3. 把**A**分2～3次加進盆中,每次都充分混和。

4. 再把**B**加進盆中,用橡皮刮刀以直切的方式混合。攪拌到沒有粉狀且開始將麵糰凝聚,並用刮刀緊壓,使麵糰成型。再用保鮮膜包起來,放進冰箱冷藏30分鐘以上。

5. 將〔步驟**4**〕做好的麵糰分成兩等份,用手輕輕搓揉成圓柱形。取出兩張烤盤烘焙紙,將兩個麵糰分別擺在中央,蓋上保鮮膜,用擀麵棍輕輕敲打後,擀成直徑約18cm的圓形麵皮。

6. 除去其中一個麵皮上的保鮮膜,放上〔步驟**1**〕做好的奶油。將另一個麵皮翻面,除去烤盤烘焙紙,再次翻面,蓋在加了奶油的麵皮上,除去保鮮膜。用手指將兩個麵皮的邊緣捏合起來。

7. 和烘焙紙一起放進烤盤。在預熱過的烤箱中烤約25分鐘,和烤盤一起取出放涼。

　吃起來和真的起司蛋糕沒兩樣!比起司蛋糕更容易製作,享用時也更自在。

43

COCONUT COOKIE WITH LEMON CREAM

44

COCONUT COOKIE WITH LEMON CREAM

檸檬奶油風味椰子餅乾

 A　 170℃　↔ 17cm

材料

無鹽奶油 —— 50g
　▶ 放室溫軟化
上白糖 —— 50g
A ┌ 雞蛋 —— 1/2個(25g)
　│　▶ 放室溫
　└ 食鹽 —— 少量
　▶ 攪拌均勻，讓食鹽溶於蛋液中
低筋麵粉 —— 85g
椰絲 —— 25g＋15g

檸檬奶油

┌ 雞蛋 —— 1個(50g)
│ 上白糖 —— 50g
│ 檸檬汁 —— 2大匙
└ 無鹽奶油 —— 20g

☐ 檸檬奶油的酸味加上椰絲的香甜，
　是一種滿溢熱帶風情的組合！

☐ 檸檬奶油在加熱時要充分攪拌，避
　免結塊。過篩可增添滑順的口感。

步驟

1. 把奶油放進攪拌盆裡，用橡皮刮刀攪拌使其軟化，再加入上白糖攪拌均勻。再用打蛋器攪拌到顏色變淡黃色發白為止。

2. 把**A**分2～3次加進盆中，每次都充分混和。

3. 低筋麵粉過篩後加入盆中，再加進25g椰絲，用橡皮刮刀以直切的方式混合。攪拌到沒有粉狀且開始將麵糰凝聚，並用刮刀緊壓，使麵糰成型。再用保鮮膜包起來，放進冰箱冷藏30分鐘以上。

4. 製作奶油。把蛋打進盆中，用打蛋器打勻，依次加進上白糖、檸檬汁，加入時都充分攪拌均勻。

5. 把〔步驟**4**〕的材料和奶油倒進鍋中，用小火加熱，加熱時不停用橡皮刮刀攪拌。變得濃稠時(圖**ⓐ**)，倒進萬用篩網過篩到調理盆裡(圖**ⓑ**)，攪拌一下，使其散熱。奶油完成了。

6. 將〔步驟**3**〕做好的麵糰分成兩等份，用手輕輕揉捏成型。取出兩張烤盤烘焙紙，將兩個麵糰分別擺在中央，蓋上保鮮膜，用擀麵棍擀成直徑約15cm的圓形麵皮。

7. 除去其中一個麵皮上的保鮮膜，放上〔步驟**5**〕做好的奶油，用橡皮刮刀等道具抹開，只保留麵皮邊緣2～3cm。將另一個麵皮翻面，除去烤盤烘焙紙，再次翻面，蓋在塗了奶油的麵皮上，除去保鮮膜。用手指將兩個麵皮的邊緣捏合起來，撒上15g椰絲，輕輕壓進麵皮表面。

8. 和烘焙紙一起放進烤盤。在預熱過的烤箱中烤約25分鐘，和烤盤一起取出放涼。

ALMOND COOKIE WITH MARMALADE

ALMOND COOKIE WITH MARMALADE

柑橘醬風味杏仁餅乾

 A **170℃** **18cm**

材料

無鹽奶油 ──── 50g
　▶ 放室溫軟化
上白糖 ──── 30g
食鹽 ──── 少量
蛋黃 ──── 1個(20g)
A ┌ 低筋麵粉 ──── 45g
　　├ 泡打粉 ──── 1/4小匙
　　└ 杏仁粉 ──── 30g
　▶ 低筋麵粉和泡打粉一起過篩，再加入杏
　仁粉混合
柑橘醬 ──── 80g
杏仁碎片 ──── 10g
糖粉 ──── 適量

步驟

1. 把奶油放進攪拌盆裡，用橡皮刮刀攪拌使其軟化，再加入上白糖攪拌均勻。用打蛋器攪拌到顏色變淡黃色發白為止。

2. 加進蛋黃，攪拌均勻。

3. 把**A**加進盆中，用橡皮刮刀以直切的方式混合。攪拌到沒有粉狀且開始將麵糰凝聚，並用刮刀緊壓，使麵糰成型。

4. 取出兩張烤盤烘焙紙，將〔步驟**3**〕做好的麵糰分成兩等份，分別置於墊紙中央，用橡皮刮刀等道具壓平成直徑約15cm的圓形麵皮。再分別蓋上保鮮膜，放進冰箱冷藏30分鐘以上。

5. 除去〔步驟**4**〕其中一個麵皮的保鮮膜，加上柑橘醬，用橡皮刮刀等道具抹開，只保留麵皮邊緣2～3cm。將另一個麵皮翻面，除去烤盤烘焙紙，再次翻面，蓋在抹上柑橘醬的麵皮上，除去保鮮膜。用手指將兩個麵皮的邊緣捏合起來，撒上杏仁碎片，輕輕壓進麵皮表面。

6. 和烘焙紙一起放進烤盤。在預熱過的烤箱中烤約20分鐘，和烤盤一起取出放涼，將糖粉用濾茶器過篩，撒在餅乾上。

☑ 添加杏仁粉的濕軟麵糰，和酸酸甜甜的柑橘醬是一組好搭檔！也可以用自己喜歡的果醬來取代柑橘醬。

☑ 因為麵糰較軟，壓平整型後要放進冰箱冷藏。

DOUBLE PEANUT BUTTER COOKIE

雙重花生奶油餅乾

A   170℃   20cm

材料

無鹽奶油 ………… 50g
　▶放室溫軟化
紅糖 ………… 80g
雞蛋 ………… 1/2個 (25g)
　▶放室溫，打勻
花生粉 (含顆粒) ………… 50g
A ┌ 低筋麵粉 ………… 120g
　└ 蘇打粉 ………… 1/4小匙
花生奶油
　┌ 花生粉 (含顆粒) ………… 60g
　└ 蜂蜜 ………… 15g
　▶混合均勻
胡桃 (烘焙過) ………… 15g

步驟

1. 把奶油放進攪拌盆中，用橡皮刮刀攪拌使其軟化，再加入紅糖攪拌均勻。接著用打蛋器攪拌到顏色變淺，呈現蓬鬆感為止。

2. 把雞蛋分2～3次加進盆中，每次都充分混和。加進花生粉，充分混合。

3. 將**A**過篩後加入盆中，用橡皮刮刀以直切的方式混合。攪拌到沒有粉狀且開始將麵糰凝聚，並用刮刀緊壓，使麵糰成型。再用保鮮膜包起來，放進冰箱冷藏30分鐘以上。

4. 將〔步驟**3**〕做好的麵糰分成兩等份，用手輕輕揉捏成圓柱形。取出兩張烤盤烘焙紙，將兩個麵糰分別擺在中央，蓋上保鮮膜，用擀麵棍輕輕敲打後，擀成直徑約18cm的圓形麵皮。

5. 除去其中一個麵皮上的保鮮膜，放上奶油，用橡皮刮刀等道具抹開，只保留麵皮邊緣2～3cm。將另一個麵皮翻面，除去烤盤烘焙紙，再次翻面，蓋在抹上奶油的麵皮上，除去保鮮膜。用手指將兩個麵皮的邊緣捏合起來，撒上胡桃，輕輕壓進麵皮表面。

6. 和烘焙紙一起放進烤盤。在預熱過的烤箱中烤約25分鐘，和烤盤一起取出放涼。

☑ 建議使用含有花生顆粒的花生粉來增添餅乾的口感層次！因花生粉含有鹽份，所以麵糰不須再加鹽巴。

☑ 找不到胡桃時，也可以使用其他堅果代替喔。

Double Peanut Butter Cookie

WALNUT COOKIE WITH CARAMEL CREAM

WALNUT COOKIE WITH CARAMEL CREAM

鹽味焦糖胡桃餅乾

A　　　150℃　　　17cm

材料

無鹽奶油 —— 50g
　▶ 放室溫軟化
上白糖 —— 50g
A ┌ 雞蛋 —— 1/2個(25g)
　│　▶放室溫
　│ 食鹽 —— 少量
　└ ▶ 攪拌均勻,讓食鹽溶於蛋液中
低筋麵粉 —— 110g
胡桃(烘焙過) —— 30g
　▶ 切粗粒
鹽味焦糖
　┌ 上白糖 —— 50g
　│ 白色麥芽糖 —— 50g
　│ 鮮奶油 —— 50ml
　│　▶放室溫軟化
　│ 無鹽奶油 —— 15g
　└ 食鹽 —— 1/3小匙

☑ 甜中帶苦的鹽味焦糖會令人欲罷不能!麥芽糖讓口感更佳滑順。

☑ 鹽味焦糖滴進冰水中時下沉到鍋底,又在水中凝結時,就完成了。

步驟

1. 把奶油放進攪拌盆裡,用橡皮刮刀攪拌。奶油軟化後,再加入上白糖攪拌均勻。接著用打蛋器攪拌到顏色變淡黃色發白為止。

2. 將A分2～3次加進盆中,每次都攪拌均勻。

3. 低筋麵粉過篩後加入盆中,再放進胡桃,用橡皮刮刀以直切的方式混合。攪拌到沒有粉狀且開始將麵糰凝聚,並用刮刀緊壓,讓麵糰成型。再用保鮮膜包起,放進冰箱冷藏30分鐘以上。

4. 製作鹽味焦糖。在小鍋子裡加進上白糖和麥芽糖,不要攪拌,用中火加熱。上白糖融化,開始變色後(圖ⓐ),輕輕搖動鍋子,讓顏色均一。

5. 顏色呈深棕色後,熄火,稍等一下,讓鮮奶油沿著橡皮刮刀慢慢滑進鍋裡,再迅速攪拌均勻。充分混合後,再加進奶油和食鹽一起攪拌均勻。

6. 再次用小火加熱,邊煮邊攪拌。開始變得濃稠時,加一點到冰水裡,如果糖漿沒有散開,直接沉到鍋底(約115°C)(圖ⓑ),就可倒進鋪好烤盤烘焙紙的料理盆中冷卻。鹽味焦糖完成了。

7. 將〔步驟3〕做好的麵糰分成兩等份,用手輕輕揉捏成圓柱形。取出兩張烤盤烘焙紙,將兩個麵糰分別擺在中央,蓋上保鮮膜,用擀麵棍輕輕敲打後,擀成直徑約15cm的圓形麵皮。

8. 除去其中一個麵皮上的保鮮膜,將〔步驟6〕做好的鹽味焦糖整型成直徑約10cm的圓形後,放到麵皮上。將另一個麵皮翻面,除去烤盤烘焙紙,再次翻面,蓋在加上鹽味焦糖的麵皮上,除去保鮮膜。用手指將兩個麵皮的邊緣捏合起來。

9. 和烘焙紙一起放進烤盤。在預熱過的烤箱中烤約30分鐘,和烤盤一起取出放涼。

ENGADINER NUSSTORTE

恩加丁焦糖堅果派

A　　**170℃**　　**16cm**

材料

無鹽奶油 ──── 50g
　▶ 放室溫軟化
上白糖 ──── 50g
A ⎡ 雞蛋 ──── 1/2個(25g)
　　　▶ 放室溫
　⎣ 食鹽 ──── 少量
　▶ 攪拌均勻，讓食鹽溶於蛋液中
低筋麵粉 ──── 125g

焦糖堅果

　⎡ 上白糖 ──── 30g
　│ 鮮奶油 ──── 50㎖
　│　▶ 放室溫
　│ 蜂蜜 ──── 20g
　│ 無鹽奶油 ──── 20g
　│ 榛果(烘焙過) ──── 50g
　│　▶ 切粗粒
　│ 杏仁(烘焙過) ──── 20g
　⎣　▶切粗粒
雞蛋 ──── 適量
　▶ 打勻

☑ 瑞士傳統甜點恩加丁派的特徵是添加胡桃與焦糖，現在變身成一片大大的餅乾了！

☑ 也可以使用自己喜愛的堅果喔。

步驟

1. 把奶油放進攪拌盆裡，用橡皮刮刀攪拌。奶油軟化後，加入上白糖攪拌均勻。再用打蛋器攪拌到顏色變淡黃色發白為止。

2. 將A分2～3次加進盆中，每次都攪拌均勻。

3. 低筋麵粉過篩後加入盆中，用橡皮刮刀以直切的方式混合。攪拌到沒有粉狀且開始將麵糰凝聚，並用刮刀緊壓，使麵糰成型。再用保鮮膜包起來，放進冰箱冷藏30分鐘以上。

4. 製作焦糖堅果。在小鍋子裡加進上白糖，不要攪拌，用中火加熱。上白糖融化，開始變色後，輕輕搖動鍋子，讓顏色均一。

5. 顏色呈深棕色後，熄火，稍等一下。讓鮮奶油沿著橡皮刮刀慢慢滑進鍋裡，再迅速攪拌均勻。充分混合後，再依次加進蜂蜜和奶油，每次都攪拌均勻。

6. 再次用小火加熱，邊煮邊攪拌。開始變得濃稠時，取出一點滴進冰水中，如果糖漿沒有散開直接沉到鍋底(約115℃)，就可以熄火。倒進榛果和杏仁，快速攪拌一下(圖**ⓐ**)，再倒進鋪好烤盤烘焙紙的料理盆中冷卻。焦糖堅果完成了。

7. 將〔步驟**3**〕做好的麵糰分成兩等份，用手輕輕揉捏成圓柱形。取出兩張烤盤烘焙紙，將兩個麵糰分別擺在中央，蓋上保鮮膜，用擀麵棍輕輕敲打後，擀成直徑約15cm的圓形麵皮。

8. 除去其中一個麵皮上的保鮮膜，將〔步驟**6**〕做好的焦糖堅果整型成直徑約10cm的圓形後，放到麵皮上。將另一個麵皮翻面，除去烤盤烘焙紙，再次翻面，蓋在加了焦糖堅果的麵皮上，除去保鮮膜。用手指將兩個麵皮的邊緣捏合起來。

9. 和烘焙紙一起放進烤盤。在預熱過的烤箱中烤約30分鐘，和烤盤一起取出放涼。

ENGADINER
NUSSTORTE

SWEET RED BEAN BUN

紅豆餡餅乾

A　　**170℃**　　**17cm**

材料

無鹽奶油 ──── 50g
　▶ 放室溫軟化
上白糖 ──── 50g
蛋白 ──── 1個(30g)
　▶ 放室溫，打勻
低筋麵粉 ──── 90g
紅豆泥(含顆粒) ──── 150g
蛋黃 ──── 1個(20g)
　▶ 打勻
粗鹽* ──── 少量
黑芝麻 ──── 1小匙

*粗鹽

撒在餅乾表面上的鹽巴，
建議使用顆粒較粗、口感
較溫和的粗鹽。也可以使
用岩鹽等其他種類的鹽
巴。

步驟

1. 把奶油放進攪拌盆裡，用橡皮刮刀攪拌使其軟化，加入紅糖攪拌均勻。再用打蛋器攪拌到顏色變淡黃色發白為止。

2. 把蛋白分4～5次加進盆中，每次都充分攪拌均勻。

3. 低筋麵粉過篩後加入盆中，用橡皮刮刀以直切的方式混合。攪拌到沒有粉狀且開始將麵糰凝聚，並用刮刀緊壓，使麵糰成型。

4. 取出兩張烤盤烘焙紙，將〔步驟**3**〕做好的麵糰分成兩等份，分別擺在墊紙中央，用橡皮刮刀等道具壓平成直徑約15cm的圓形麵皮。蓋上保鮮膜，放進冰箱冷藏30分鐘以上。

5. 除去〔步驟**4**〕其中一個麵皮上的保鮮膜，放上紅豆泥，用橡皮刮刀等道具抹開，只保留麵皮邊緣2～3cm。將另一個麵皮翻面，除去烤盤烘焙紙，再次翻面，蓋在抹上紅豆泥的麵皮上，除去保鮮膜。用手指將兩個麵皮的邊緣捏合起來，在表面塗上蛋黃後，撒上粗鹽，在中央撒上芝麻。

6. 和烘焙紙一起放進烤盤。在預熱過的烤箱中烤約20分鐘，和烤盤一起取出放涼。

☐ 紅豆泥的甜味搭配粗鹽的鹹味……這不就是紅豆餡餅乾嗎！請塞滿紅豆泥吧。

☐ 蛋白不容易打散，請分次加入攪拌，就能攪拌得均勻滑順。

55

ANNUAL EVENT

創造話題的節慶大餅乾

大大的餅乾，不僅給視覺帶來衝擊效果，
也很適合當作節慶活動的甜點！
大家一起拍照，上傳到Facebook或Instagram，讓活動更熱鬧吧。
請活用書衣內側的愛心、南瓜和幽靈、薑餅人的紙模做造型喔。

（情人節大愛心餅乾）

→ P58

VALENTINE'S DAY BIG HEART COOKIE

情人節大愛心餅乾

A　　**170℃**　　**20cm**

材料

無鹽奶油 ──── 50g
　▶ 放室溫軟化
上白糖 ──── 65g
A ┌ 雞蛋 ──── 1/2個 (25g)
　　│ 　▶ 放室溫
　　└ 食鹽 ──── 少量
　▶ 攪拌均勻，讓食鹽溶於蛋液中
B ┌ 低筋麵粉 ──── 100g
　　│ 可可粉 (無糖) ──── 10g
　　└ 泡打粉 ──── 1/4小匙
甘納許
　┌ 鮮奶油 ──── 30mℓ
　│ 紅寶石巧克力* ──── 80g
　└ 　▶ 切碎，置於盆中
裝飾用糖果 (心形) ──── 適量

*紅寶石巧克力

以紅寶石可可豆為原料，是一種帶水果口味的粉紅色巧克力。不添加色素和香料。

步驟

1. 把奶油放進攪拌盆裡，用橡皮刮刀攪拌。奶油軟化後，加入上白糖，攪拌均勻。再用打蛋器攪拌到整體顏色變淡黃色發白為止。

2. 把**A**分2～3次加進盆中，每次都充分混和。

3. 將**B**過篩加進盆中，用橡皮刮刀以直切的方式混合。攪拌到沒有粉狀且開始將麵糰凝聚，並用刮刀緊壓，使麵糰成型。用保鮮膜包起，放進冰箱冷藏30分鐘以上

4. 製作甘納許。把鮮奶油倒入耐熱杯中，放進微波爐加熱約20秒 (不加保鮮膜)。立刻倒進裝紅寶石巧克力的盆裡，用打蛋器充分混合融解後 (圖ⓐ)，靜置放涼。

5. 製作愛心紙模 (請參照右頁 [紙模做法])。

6. 將〔步驟**3**〕的麵糰分成兩等份，用手輕輕揉成圓柱形。取出兩張烤盤烘焙紙，將兩個麵糰分別放在墊紙中央，蓋上保鮮膜，用擀麵棍輕輕敲打後，再擀成一邊長度約22cm的倒三角形麵皮。除去保鮮膜，蓋上〔步驟**5**〕做好的愛心紙模，用刀沿著紙模邊緣切割 (圖ⓑⓒ)。在其中一個麵皮上再蓋上保鮮膜。

7. 把〔步驟**4**〕做好的甘納許邊攪拌邊倒進沒加保鮮膜的麵皮上，用橡皮刮刀等道具抹開，只保留麵皮邊緣2～3cm (圖ⓓ)。將另一個麵皮翻面，除去烤盤烘焙紙，再次翻面，蓋在加了甘納許的麵皮上 (圖ⓔ)，除去保鮮膜。用手指將兩個麵皮的邊緣捏合起來，撒上裝飾用糖果，輕輕壓進麵皮表面。

8. 和烘焙紙一起放進烤盤。在預熱過的烤箱中烤約20分鐘，和烤盤一起取出放涼。

VALENTINE'S BIG HEART COOKIE

愛心紙模做法

1

準備一張比印在書衣內側的愛心圖形還要大一點的烤盤烘焙紙，蓋在愛心圖形上面，用鉛筆或其他筆具沿著線條描繪。

2

用剪刀沿線的邊緣剪下。

☑ 這麼大的愛心，一定能夠完整傳達你的心意！甘納許討喜的粉紅色，是使用了超人氣紅寶石巧克力的加分效果。

☑ 麵皮和甘納許都過軟時，可放進冰箱冷藏約5～10分鐘，用起來就很順手了。

☑ 愛心旁邊被切除的麵皮，可以蒐集起來再整型得薄一點，用心形或其他形狀的餅乾模型壓模，一起放進烤箱。烤15分鐘後，先拿出來放涼。

VALENTINE'S DAY BIG HEART STAR COOKIE

情人節滿天星大愛心餅乾

A / D　　**150℃ / 100℃**　　**20cm**

材料

基底餅乾

┌ 無鹽奶油 ⋯⋯⋯ 25g
│ ▶ 放室溫軟化
│ 上白糖 ⋯⋯⋯ 25g
│ **A** ┌ 雞蛋 ⋯⋯⋯ 1/4個 (12g)
│ │ ▶ 放室溫
│ │ 食鹽 ⋯⋯⋯ 少量
│ └ ▶ 攪拌均勻，讓食鹽溶於蛋液中
│ **B** ┌ 低筋麵粉 ⋯⋯⋯ 50g
└ └ 可可粉 (無糖) ⋯⋯⋯ 5g

蛋白霜星星 (容易製作的份量)

┌ **蛋白霜**
│ ┌ 蛋白 ⋯⋯⋯ 1個 (30g)
│ │ 日本細砂糖
│ └ ⋯⋯⋯ 1/2大匙＋1又1/2大匙
│ **C** ┌ 糖粉 ⋯⋯⋯ 30g
│ └ 玉米粉 ⋯⋯⋯ 5g
│ 樹莓粉 ⋯⋯⋯ 3g+7g
└ ▶ 分別過篩，放進冰箱冷藏

巧克力 (含糖) ⋯⋯⋯ 10g
　▶ 切碎

☐ 愛心餅乾上佈滿了星星形狀的蛋白霜，實在太可愛了！三種顏色的蛋白霜星星，把這片餅乾裝飾得華麗無比！

☐ 蛋白霜星星容易吸收濕氣，請和食品乾燥劑一起裝進密閉容器保存。這次大約能做出70～80個，會剩下一點。

步驟

1. 製作基底餅乾。(請參照第**58**頁「情人節大愛心餅乾」的〔步驟**1~3、5、6、8**〕製作。但〔步驟**6**〕不須將麵糰分成兩等份，最後也不用蓋上保鮮膜。〔步驟**8**〕改成「放進以150℃預熱過的烤箱中烤約20分鐘。〕

2. 製作蛋白霜星星的蛋白霜。把蛋白和1/2大匙的日本細砂糖放進攪拌盆中，用手持電動攪拌器以高速攪拌30秒左右，等全部打至起泡且砂糖都溶化之後，再將1又1/2大匙的日本細砂糖分3次加進盆中，每次都用攪拌器以高速攪拌30秒左右，使其打發，即攪拌器撈起時，蛋白霜尖端會直立起來，就大功告成了。

3. 將**C**過篩加進盆中，用橡皮刮刀以直切的方式混合。混合均勻後，分成三等份，一份放著備用，另外兩份分別加入3g和7g的樹莓粉 (圖**ⓐ**)，並快速攪拌一下。

4. 在烤盤上舖好烘焙紙，將〔步驟**3**〕做好的三種材料，依照顏色淡到濃的順序，分別填進套上星型花嘴的擠花袋裡 (請參考P71「準備擠花袋」的做法)，擠出直徑約2cm的星型 (圖**ⓑ**)。

5. 放進以100℃預熱過的烤箱中烤約40分鐘，直接放在烤箱中等待冷卻 (約1小時)。蛋白霜星星就完成了。

6. 將巧克力裝進耐熱容器中，用微波爐加熱10秒左右 (不加保鮮膜)，再用湯匙攪拌均勻。

7. 在〔步驟**5**〕的蛋白霜星星底部塗上薄薄一層〔步驟**6**〕做好的巧克力 (圖**ⓒ**)，擺放在〔步驟**1**〕做好的基底餅乾上，直到擺滿為止。靜置，等巧克力凝固。

VALENTINE'S DAY
CHOCOLATE CHUNK COOKIES

情人節巧克力軟餅乾

C   **170℃**   **6cm × 15**

材料

無鹽奶油 ──── 80g

上白糖 ──── 60g

巧克力 (含糖)

    ──── 80g＋25g＋25g

  ▶ 80g切碎，另外兩份25g都切粗粒

雞蛋 ──── 1個(50g)

  ▶ 放室溫，打勻

A ┌ 低筋麵粉 ──── 150g
    └ 泡打粉 ──── 1/2小匙

綜合堅果 (烘焙過) ──── 25g＋25g

  ▶ 分別切粗粒

巧克力筆 (白色)* ──── 適量

  ▶ 泡在溫水 (40～50℃) 中，使其軟化

*巧克力筆

可以輕鬆描繪文字或圖案來做裝飾。要先用溫水浸泡一下再使用。除了白色之外，還有各種顏色可以選用。

步驟

1. 把奶油、上白糖、巧克力80g加進耐熱容器中，蓋上保鮮膜，用微波爐加熱1分鐘左右。再用打蛋器打到全體均勻滑順後，靜置散熱。

2. 把雞蛋分2～3次加進容器中，每次都充分混和。

3. 將**A**過篩加進容器中，再加入巧克力25g和綜合堅果25g，用橡皮刮刀以直切的方式混合。混合到沒有粉狀後就可以了。

4. 將烤盤烘焙紙放在烤盤上，將麵糰置於中央，用橡皮刮刀等道具壓平成約25～15cm的長方形麵皮 (圖**ⓐ**)。將剩下的巧克力25g和綜合堅果25g撒在上面，輕輕壓進麵皮表面。在預熱過的烤箱中烤約20分鐘，和烤盤一起取出放涼。

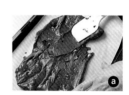

5. 用蛋糕刀切成3X5共十五等份，再用巧克力筆在上面描繪模樣。(圖**ⓑ**)。

☑ 最適合用來分送給朋友們的巧克力餅乾！餅乾的大小，或是描繪的模樣，都可以憑自己喜好做變化。

☑ 用橡皮刮刀等壓平麵皮後，再用手調整一下形狀和厚度，烤出來的餅乾會更漂亮喔。

（聖誕節花環餅乾）

→ P66

（ 大 薑 餅 人 餅 乾 ）

→ P67

CHRISTMAS WREATH COOKIE

聖誕節花環餅乾

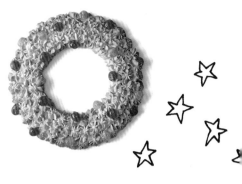

A　　**170℃**　　**22cm**

材料

無鹽奶油 ——— 150g
　▶ 放室溫軟化
糖粉 ——— 90g
食鹽 ——— 少量
蛋白 ——— 1個(30g)
　▶ 放室溫，打勻
低筋麵粉 ——— 200g
糖漬櫻桃 (紅色、綠色)* ——— 共10～12個
　▶ 剖半

＊糖漬櫻桃
用砂糖醃漬過的櫻桃。顏色
非常鮮艷，因此常被用來裝
飾甜點或麵包等食品。

☑ 把富含奶油、脆爽口感的麵糰擠成
花圈吧！

☑ 擠花的過程不太順利也沒關係！把
沒擠好的麵糰再裝回袋子裡，重新
再擠一次就好了。

步驟

1. 把奶油放進攪拌盆裡，用橡皮刮刀攪拌使其軟
化，再將糖粉過篩加進盆中，之後加進鹽巴，攪拌
均勻。接著用打蛋器攪拌到顏色變淡黃色發白為
止。

2. 把蛋白分4～5次加進盆中，每次都充分混和。

3. 將低筋麵粉過篩後加入盆中，用橡皮刮刀以直切
的方式混合。攪拌到沒有粉狀且開始將麵糰凝
聚，並用刮刀緊壓，使麵糰成型。

4. 把星型花嘴套在擠花袋上，將〔步驟**3**〕做好的材
料分一半填進袋中 (請參考第**71**頁「準備擠花
袋」)。

5. 在烤盤烘焙紙上畫一個直徑約20cm的圓形，翻
面，放在烤盤上 (圖**ⓐ**)，沿著圓圈擠出〔步驟**4**〕的
材料，寬度約2cm (圖**ⓑ**)。擠完後，再將〔步驟**3**〕
剩下的材料填進袋中，依序順著圓圈的外側、裡
側擠出 (圖**ⓒ**)，再撒上糖漬櫻桃。剩下的材料，可
依自己喜好的大小擠在墊紙的空白處 (圖**ⓓ**)，也
可另行準備切碎的糖漬櫻桃或巧克力米來裝飾
表面。

6. 在預熱過的烤箱中烤15～20分鐘左右，和烤盤
一起取出放涼。

BIG GINGERBREAD MAN COOKIE

大薑餅人餅乾

A   **150℃**   **24cm**

材料

無鹽奶油 ——— 50g
  ▶ 放室溫軟化
蔗糖 ——— 50g
雞蛋 ——— 1/2個(25g)
  ▶ 放室溫,打勻
A ⎡ 低筋麵粉 ——— 125g
    薑粉 ——— 1/2小匙
    多香果粉 ——— 1/3小匙
  ⎣ 肉桂粉 ——— 1/3小匙
糖霜
  ⎡ 糖粉 ——— 20g
  ⎣ 檸檬汁 ——— 1/2小匙多
M&M'S®牛奶巧克力 ——— 3個

☑ 使用最熟悉的聖誕季節香料,做出
最受歡迎的人形餅乾!

☑ 也可以用巧克力筆等其他道具來取
代糖霜做裝飾喔。

☑ 切剩的麵皮可以蒐集起來,壓成薄
片,用喜愛的餅乾模型壓模,一起放
進烤箱裡烘烤!

步驟

1. 把奶油放進攪拌盆裡,用橡皮刮刀攪拌,讓奶油
軟化。加入蔗糖攪拌均勻。再用打蛋器攪拌到顏
色變淡,變得蓬鬆為止。

2. 把雞蛋分2〜3次加進盆中,每次都攪拌均勻。

3. 將A過篩後加入盆中,用橡皮刮刀以直切的方式
混合。攪拌到沒有粉狀且開始將麵糰凝聚,並用
刮刀緊壓,使麵糰成型。再用保鮮膜包起來,放進
冰箱冷藏30分鐘以上。

4. 製作薑餅人紙模(請參考第**59**頁「紙模做法」)。

5. 將〔步驟**3**〕做好的麵糰用手輕揉成圓柱形,放
在烤盤烘焙紙中央,蓋上保鮮膜,用擀麵棍輕
輕敲打後,擀成約
26X20cm的麵皮。除
去保鮮膜,蓋上〔步驟
4〕做好的薑餅人紙
模,用刀沿著紙模邊
緣切割。(圖**ⓐ**)。

6. 和烘焙紙一起放進烤盤,在預熱過的烤箱中烤約
25〜30分鐘,和烤盤一起取出放涼。

7. 製作糖霜。將糖粉過篩到攪拌盆中,把檸檬汁分
次加進去,同時用橡皮刮刀充分混合。舉起刮刀,
糖霜會沿著刮刀慢慢滴下,大約5〜6秒滴完時,
就完成了。

8. 等〔步驟**6**〕的餅乾冷卻後,將〔步驟**7**〕做好的糖
霜裝進紙卷擠花袋(請參考第**71**頁製作紙卷擠
花袋」的做法),畫上眼睛和嘴巴。在M&M'S®巧
克力上塗上糖霜,貼在餅乾上,靜置放乾。

HALLOWEEN PUMPKIN COOKIES

萬聖節南瓜造型餅乾

A   150℃   20cm × 2

材料

無鹽奶油 ───── 50g

    ▶ 放室溫軟化

上白糖 ───── 70g

食鹽 ───── 少量

南瓜 ───── 135g

    ▶ 去除種子和棉狀組織後，用保
      鮮膜包起來，放進微波爐加熱
      約2分鐘。趁熱挖出南瓜肉，用
      萬用濾網過篩後(圖 **ⓐ**)，放涼
      備用(可使用重量為70g)。

低筋麵粉 ───── 125g

   ☐ 若烤箱大小不能一次烤兩片，請先將另一片麵皮放進冰箱冷藏保存。冷凍保存也可以。

（萬聖節幽靈造型餅乾）

→ P70

步驟

1. 把奶油放進攪拌盆裡，用橡皮刮刀攪拌，讓奶油軟化。加入上白糖和鹽巴，攪拌均勻。再用打蛋器攪拌到顏色變淡黃色發白為止。

2. 倒進南瓜泥，攪拌均勻。

3. 低筋麵粉過篩後加入盆中，用橡皮刮刀以直切的方式混合。攪拌到沒有粉狀且開始將麵糰凝聚，並用刮刀緊壓，使麵糰成型。再用保鮮膜包起來，放進冰箱冷藏30分鐘以上。

4. 製作南瓜紙模（請參考第**59**頁「紙模做法」）。

5. 將〔步驟**3**〕做好的麵糰分成兩等份，用手輕揉成圓柱形。取出兩張烤盤烘焙紙，分別放在烤盤烘焙紙中央，蓋上保鮮膜，用擀麵棍輕輕敲打後，擀成約22X18cm的麵皮。除去保鮮膜，蓋上〔步驟**4**〕做好的南瓜紙模，用刀沿著紙模邊緣切割（圖**ⓑ**）。

6. 和烘焙紙一起放進烤盤，在預熱過的烤箱中烤約20～25分鐘，和烤盤一起取出放涼。

HALLOWEEN GHOST COOKIE

萬聖節幽靈造型餅乾

A　　**170℃**　　**20cm**

材料

無鹽奶油 ──── 50g
　▶ 放室溫軟化
上白糖 ──── 70g
食鹽 ──── 少量
南瓜 ──── 135g
　▶ 去除種子和棉狀組織後，將南瓜用保
　　鮮膜包起來，放進微波爐加熱約2分鐘。
　　趁熱用湯匙挖出南瓜肉，用萬用濾網過
　　篩後，放涼備用(可使用重量為70g)。
低筋麵粉 ──── 125g

南瓜奶油
　┌ 南瓜 ──── 190g
　│ 上白糖 ──── 40g
　│ 無鹽奶油 ──── 5g
　└　▶ 放室溫軟化
巧克力筆(黑色) ──── 適量
　▶ 用溫水(40～50℃)浸泡，使其軟化
　　(圖ⓐ)

ⓐ

☐ 賞味期限到隔天為止。

☐ 如果把切剩的麵皮用喜歡的餅乾模
　型壓模再一起送進烤箱時，模型餅
　乾會先烤好，請先從烤箱取出。或者
　另外用150℃來烤15～20分鐘。

步驟

1. 請依照第**68**頁「萬聖節南瓜造型餅乾」〔步驟**1**～
3〕的說明，製作麵糰。

2. 製作奶油。將南瓜去籽和棉狀組織後，用保鮮膜
包起來，放進微波爐加熱約2分30秒。趁熱用湯
匙挖出南瓜肉，用萬用濾網過篩後，裝進攪拌盆
裡(可使用重量為100g)。加進上白糖和奶油，用
橡皮刮刀攪拌均勻後，靜置放涼。

3. 製作幽靈紙模(請參考第**59**頁「紙模做法」)。

4. 將〔步驟**1**〕做好的麵糰分成兩等份，用手輕揉成
圓柱形。取出兩張烤盤烘焙紙，分別放在烘焙紙
中央，蓋上保鮮膜，用擀麵棍輕輕敲打後，擀成直
徑約22cm的圓形麵皮。除去保鮮膜，蓋上〔步驟
3〕做好的幽靈紙模，用刀沿著紙模邊緣切割。在
其中一個麵皮上再蓋上保鮮膜。

5. 在沒有加保鮮膜的麵皮上擺上〔步驟**2**〕做好的奶
油，用橡皮刮刀等道具抹開，只保留麵皮邊緣2～
3cm(圖ⓑ)。將另一個麵皮翻面，除去烤盤烘焙
紙，再次翻面，蓋在加了奶油的麵皮上，除去保鮮
膜。用手指將兩個麵皮的邊緣捏合起來(圖ⓒ)。

ⓑ

ⓒ

6. 和烘焙紙一起放進烤盤，在預熱過的烤箱中烤約
20分鐘，和烤盤一起取出放涼，再用巧克力筆畫
上眼睛和嘴巴(圖ⓓ)。

ⓓ

準備擠花袋

1

用剪刀剪開擠花袋尖端1～2cm處。

2

把花嘴裝進擠花袋內側，把花嘴上的袋子塞進花嘴裡。

3

把擠花袋裝進杯子等道具中，把袋口反折，固定在杯口上。

4

填進麵糰。

5

取出擠花袋，用刮板等道具把麵糰往花嘴方向擠壓。把袋口收緊，如照片所示用手握緊。用力握緊時，就能擠出麵糰。

製作紙卷擠花袋

1

將烤盤烘焙紙切割成30X20cm的長方形，斜角對折。

2

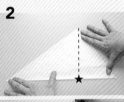

把長邊擺在靠近自己這一側，把★記號處當作軸心，從右側捲起，再把左側的紙也往右捲起來，形成圓錐形。

3

把捲好之後多出來的紙張用力拉緊，讓前端變尖，然後將多出來的紙塞到內側去。

4

填進糖霜，到圓錐的一半左右，填入口壓扁成三角形，再往下折2～3次。

5

用剪刀剪開尖端2～3公分處，擠出糖霜。

BIRTHDAY COLOSSAL COOKIES

超大的生日餅乾

A	150℃	20 cm

材料

無鹽奶油 ─── 50g
　▶ 放室溫軟化
上白糖 ─── 60g
A ┌ 雞蛋 ─── 1/2個 (25g)
　│ 　▶ 放室溫
　└ 食鹽 ─── 少量
　▶ 攪拌均勻，讓食鹽溶於蛋液中
低筋麵粉 ─── 125g

甘納許
　┌ 鮮奶油 ─── 50㎖
　└ 巧克力 (含糖) ─── 50g
　　▶ 切碎，置於盆中
裝飾用糖果 (球形) ─── 適量

糖霜
　┌ 糖粉 ─── 100g
　│ 檸檬汁 ─── 約1大匙
　└ 食用色素 (紅色・黃色) ─── 各1/12小匙

☑ 適合用來慶生的彩色餅乾！

☑ 甘納許較硬時，可放室溫軟化，過軟時，可放冰箱冷藏5～10分鐘，就很容易抹開。

☑ 加食用色素時，請務必分次少量加入，並隨時留意顏色的變化。色素的用量可隨自己喜好增減。

可可麵糰

製作方式相同，只要把低筋麵粉125g改成「低筋麵粉110g＋無糖可可粉10g」，將裝飾用糖果換成巧克力米 (5色) 就可以了。

步驟

1. 把奶油放進攪拌盆裡，用橡皮刮刀攪拌，讓奶油軟化，加入上白糖攪拌均勻。再用打蛋器攪拌到顏色變淡黃色發白為止。

2. 把A分2～3次加進盆中，每次都充分混和。

3. 低筋麵粉過篩加進盆中，用橡皮刮刀以直切的方式混合。攪拌到沒有粉狀且開始將麵糰凝聚，並用刮刀緊壓，使麵糰成型。蓋上保鮮膜，放進冰箱冷藏30分鐘以上。

4. 製作甘納許。把鮮奶油倒入耐熱杯中，放進微波爐加熱30秒 (不加保鮮膜)。立刻倒進裝巧克力的盆裡，用打蛋器充分混合融解後，靜置放涼。

5. 將〔步驟3〕做好的麵糰分成兩等份，用手輕揉成圓柱形。取出兩張烤盤烘焙紙，將兩個麵糰分別擺在中央，用擀麵棍輕輕敲打後，擀成直徑約18cm的圓形麵皮。

6. 除去其中一張麵皮的保鮮膜，再把〔步驟4〕做好的甘納許充分混合後倒在麵皮上，用橡皮刮刀等道具抹開，只保留麵糰邊緣2～3cm。將另一個麵皮翻面，除去烤盤烘焙紙，再次翻面，蓋在加了甘納許的麵皮上，除去保鮮膜。用手指將兩個麵皮的邊緣捏合起來，在邊緣擺上裝飾用糖果，輕輕壓入麵皮表面。

7. 和烘焙紙一起放進烤盤。在預熱過的烤箱中烤約25～30分鐘，和烤盤一起取出放涼。

8. 製作糖霜。將糖粉過篩到攪拌盆中，把檸檬汁少量分次加進去，用橡皮刮刀充分混合。舉起刮刀，糖霜會慢慢滴下，大約5～6秒滴完時，將糖霜分成兩等份。其中一份加進紅色食用色素，另一份加進黃色食用色素。色素請分次、少量加進去，同時攪拌混合。

9. 等〔步驟7〕的成品放涼後，將〔步驟8〕做好的糖霜分別裝進紙卷擠花袋 (請參考第**71**頁「製作紙卷擠花袋」)，描繪文字或圖案，接著靜置放乾。

A　170℃　18cm

☑ 本書中一半以上的食譜都是用這種麵糰。酥酥脆脆是這種麵糰的特徵,很容易做大,也很容易整型,不容易變形。

☑ 和食品乾燥劑一起放進夾鏈袋封好,可在常溫下保存一星期左右。

☑ 也可以用保鮮膜包好麵糰,放冰箱冷凍保存。賞味期限大約三個星期。從冷凍庫取出的麵糰可直接進烤箱烤,只要將燒烤時間多加2～3分鐘。

材料

無鹽奶油 ─────── 50g
　　▶ 放室溫軟化
上白糖 ─────── 60g
A ┌ 雞蛋 ─────── 1/2個(25g)
　│　　▶ 放室溫
　└ 食鹽 ─────── 少量
　　▶ 攪拌均勻,讓食鹽溶於蛋液中
低筋麵粉 ─────── 125g

◀放軟到手指可以順利壓下去的程度

步驟

1. 混合奶油和砂糖

▲也可以使用手持攪伴器

把奶油放進攪拌盆裡,用橡皮刮刀攪拌,讓奶油軟化,加入上白糖攪拌均勻(圖ⓐ)。再用打蛋器攪拌到顏色變淡黃色發白為止(圖ⓑ)。

2. 加入雞蛋拌勻

把A分2～3次加進盆中(圖ⓒ),每次都充分攪拌均勻(圖ⓓ)。

3. 加入低筋麵粉混合

低筋麵粉過篩加進盆中（圖**e**），用橡皮刮刀以直切的方式混合（圖**f**）。攪拌到沒有粉狀且開始將麵糰凝聚，並用刮刀緊壓（圖**g**），使麵糰成型。

4. 整型

用手揉成圓柱形（圖**h**），放在烤盤烘焙紙正中央（圖**i**），蓋上保鮮膜。用手壓成直徑約18cm的圓形麵皮（圖**j**），除去保鮮膜。

▲較軟的麵糰就不整型成圓柱形

▲先立起來再輕輕往下壓，可以讓之後的動作變得更順暢

▲壓成厚度平均的麵皮，可以烤得更均勻。大約7～8mm

5. 送進烤箱

和烘焙紙一起放進烤盤（圖**k**），在預熱過的烤箱中烤約20分鐘後，和烤盤一起取出放涼。

完成了

整片麵皮上都出現烘焙過的顏色，而邊緣顏色稍深，就OK了。若烤得不夠時，再多烤3分鐘試試看（若還是不夠，再烤3分鐘，以此類推）。

基本麵糰 — **B** 鬆軟口感的麵糰

 B　170℃　18cm

材料

- ☑ 表面凹凸有致,口感乾爽香硬!看起來乾乾渣渣的蓬鬆麵糰,進烤箱烘焙時,當中的奶油會融化,和麵糰融合在一起。

- ☑ 用來製作石頭餅乾和威爾斯蛋糕(做法都請參見第**27**頁)。

- ☑ 和食品乾燥劑一起裝進夾鏈袋封好,在常溫下可保存一個星期左右。

- ☑ 也可以用保鮮膜包好麵糰,放冰箱冷凍保存。賞味期限大約三個星期。從冷凍庫取出的麵糰可直接進烤箱烤,只要將燒烤時間多加2～3分鐘。

A ⎡ 低筋麵粉 ───── 100g
　　⎣ 泡打粉 ───── 1/2小匙
無鹽奶油 ───── 50g
　▶ 成1cm的立方體,放進冰箱冷藏
上白糖 ───── 50g
B ⎡ 雞蛋 ───── 1/2個(25g)
　　⎮ 　▶ 放室溫
　　⎣ 食鹽 ───── 少量
　▶ 攪拌均勻,讓食鹽溶於蛋液中

▲冷藏後的口感變得乾爽

步驟

1. **混合低筋麵粉和奶油**

把**A**過篩放進攪拌盆中,加進奶油,用抹刀邊切邊混合(圖**a**)。奶油變小塊之後,用兩手搓揉(圖**b**),讓整體變得乾爽爽爽(圖**c**)。

▲切到奶油變成5mm左右的方塊為止

▲搓揉到像起司粉的狀態

▲整體變黃之後就可以了

2. 加入砂糖和雞蛋攪拌

加入上白糖,用橡皮刮刀快速混合一下,再加進**B**迅速混合一下(圖**d**)。整體變成乾乾渣渣的小塊狀後就可以了。

◀要留下顆粒狀的奶油,不要拌勻

3. 整型

將麵糰放在烤盤烘焙紙正中央,用叉子等道具整型成直徑約18cm的圓形麵皮(圖**e**)。

◀整型時留意不要壓壞麵糰。厚度約為1cm

4. 送進烤箱

和烘焙紙一起放進烤盤(圖**f**),在預熱過的烤箱中烤約20分鐘(圖**g**),和烤盤一起取出放涼。

完成了

整片麵皮上都出現烘焙過的顏色,而邊緣顏色稍深,就OK了。若烤得不夠時,再多烤3分鐘試試看(若還是不夠,再烤3分鐘,以此類推)。

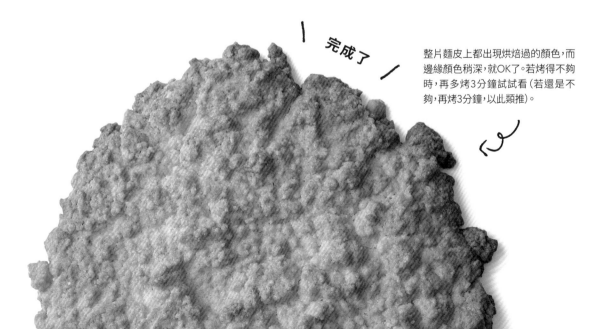

—

C 簡易懶人麵糰

| C | 170℃ | 19cm |

☑ 使用融解的奶油來製作,非常簡單!而且泡打粉讓麵糰順利膨發,讓人安心。

☑ 和食品乾燥劑一起裝進夾鏈袋封好,在常溫下可保存一個星期左右。

☑ 也可以用保鮮膜包好麵糰,放冰箱冷凍保存。賞味期限大約三個星期。從冷凍庫取出的麵糰可直接進烤箱烤,只要將燒烤時間多加2～3分鐘。

材料

無鹽奶油 ———— 50g
上白糖 ———— 60g

A ┌ 雞蛋 ———— 1/2個(25g)
　│　　▶ 放室溫
　└ 食鹽 ———— 少量
　▶ 攪拌均勻,讓食鹽溶於蛋液中

B ┌ 低筋麵粉 ———— 100g
　└ 泡打粉 ———— 1/2小匙

步驟

1. 混合奶油和砂糖

把奶油放進耐熱容器中,加入上白糖,蓋上保鮮膜,用微波爐加熱約50秒。再用打蛋器攪拌到全體均勻滑順後,靜置散熱。

▲奶油完全融解之後,砂糖沒有全部融解也OK

2. 加入雞蛋拌勻

把A分2～3次加進容器中,每次都充分混合。

3. 加入低筋麵粉混合

將B過篩加進容器中,用橡皮刮刀以直切的方式混合。材料開始凝結,沒有粉狀後,用刮刀緊壓,使麵糰成型。

4. 整型

將麵糰放在烤盤烘焙紙正中央,蓋上保鮮膜。用手壓成直徑約18cm的圓形麵皮,除去保鮮膜。

▲只要厚度均勻(7～8mm),不是正圓形也沒關係

5. 送進烤箱

和烘焙紙一起放進烤盤,在預熱過的烤箱中烤約20分鐘後,和烤盤一起取出放涼。

整片麵皮上都出現烘焙過的顏色,而邊緣顏色稍深,就OK了。若烤得不夠時,再多烤3分鐘試試看(若還是不夠,再烤3分鐘,以此類推)。

完成了

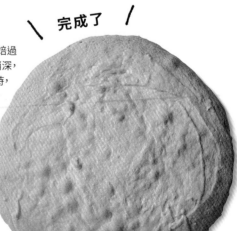

基本麵糰 — **D** 蛋白霜麵糰

D　　**140°C**　　**20cm**

☑ 低溫、長時間烘焙的蛋白餅乾！鬆鬆的，輕輕的，入口即化。

☑ 和食品乾燥劑一起裝進夾鏈袋封好，在常溫下可保存一個星期左右。因為容易吸收濕氣，放涼後請馬上裝進袋子裡。

材料

蛋白霜

　蛋白 ──── 1個(30g)

　日本細砂糖

　　──── 1/2大匙＋1又1/2大匙

A　糖粉 ──── 30g

　　玉米粉 ──── 5g

步驟

1. 製作蛋白霜

製作蛋白霜。在攪拌盆中加入蛋白和1/2大匙日本細砂糖，用手持電動攪拌器以高速攪拌30秒左右，讓蛋白起泡之後，再將1又1/2大匙的日本細砂糖分3次加入盆中，每次都用攪拌器以高速打30秒左右，讓蛋白打發，即攪拌器撈起時，尖端會直直立起，就可以了

▲打到撈起時，尖端不會滴下來為止

2. 加入糖粉混合

把**A**過篩加進盆中，用橡皮刮刀以直切的方式混合，全體拌勻就OK了。

▲混合時，留意不要壓壞了起泡的蛋白

3. 整型

將麵糰放在烤盤烘焙紙正中央，用橡皮刮刀等道具壓平成直徑約18cm的圓形麵皮。

▲整型時，盡量不要壓壞麵糰。厚度大約為1cm

4. 送進烤箱

和烘焙紙一起放進烤盤。在預熱過的烤箱中烤約40分鐘，和烤盤一起取出放涼。

完成了

在不燙傷自己的情況下，用手指摸一下麵糰，如果不會沾手就OK了。若烤得不夠時，再多烤3分鐘試試看（若還是不夠，再烤3分鐘，以此類推）。

零失敗！超簡單的巨大造型餅乾

おおきなクッキー！

作　　　者／荻田尚子（HISAKO OGITA）
調 理 輔 助／小山瞳、高橋玲子、竹內凜
攝　　　影／三木麻奈
造　　　型／深川朝里
設　　　計／野本奈保子（nomo-gram）
撰　　　文／佐藤友惠
校　　　對／安藤尚子、泉敏子
編　　　輯／小田真一
模 特 兒／今福あまねちゃん、小田諒くん
攝 影 協 助／UTUWA、AWABEES

企劃選書人／賈俊國
總 編 輯／賈俊國
副 總 編 輯／蘇士尹
執 行 編 輯／李寶怡
美 術 編 輯／廖又頤
中 文 翻 譯／洪伶
行 銷 企 劃／張莉滎、黃欣、蕭羽猜

發 行 人／何飛鵬
法 律 顧 問／元禾法律事務所王子文律師
出　　　版／布克文化出版事業部
　　　　　　台北市中山區民生東路二段 141 號 8 樓
　　　　　　電話：(02)2500-7008　傳真：(02)2502-7676
　　　　　　Email：sbooker.service@cite.com.tw
發　　　行／英屬蓋曼群島商家庭傳媒股份有限公司城邦分公司
　　　　　　台北市中山區民生東路二段 141 號 2 樓
　　　　　　書虫客服服務專線：(02)2500-7718；2500-7719
　　　　　　24 小時傳真專線：(02)2500-1990；2500-1991
　　　　　　劃撥帳號：19863813；戶名：書虫股份有限公司
　　　　　　讀者服務信箱：service@readingclub.com.tw
香港發行所／城邦（香港）出版集團有限公司
　　　　　　香港灣仔駱克道 193 號東超商業中心 1 樓
　　　　　　電話：+852-2508-6231　　傳真：+852-2578-9337
　　　　　　Email：hkcite@biznetvigator.com
馬新發行所／城邦（馬新）出版集團 Cité (M) Sdn. Bhd.
　　　　　　41, Jalan Radin Anum, Bandar Baru Sri Petaling,
　　　　　　57000 Kuala Lumpur, Malaysia
　　　　　　電話：+603- 9057-8822　　傳真：+603- 9057-6622
　　　　　　Email：cite@cite.com.my
印　　　刷／卡樂彩色製版印刷股份有限公司
初　　　版／2022 年 5 月
售　　　價／NT380 元
Ｉ Ｓ Ｂ Ｎ／978-626-7126-28-8
Ｅ Ｉ Ｓ Ｂ Ｎ／978-626-7126-32-5（EPUB）

城邦讀書花園
www.cite.com.tw

布克文化
WWW.SBOOKER.COM.TW

OHKINA COOKIE!
By Hisako Ogita
©Hisako Ogita 2019
First published in Japan in 2019 by Shufu To Seikatsu Sha Co., Ltd.
Complex Chinese Character translation rights reserved by Sbooker Publications, a division of Cite Publishing Ltd.
under the license from Shufu To Seikatsu Sha Co., Ltd. through Haii AS International Co., Ltd.